学天教育

最新版 / 二级建造师执业资格考试

通关必做

>>>

建设工程施工管理

学天教育教学研究院 编

学天教育教学研究院成员

主 编：周 建

顾 问：陈 晨

成 员（按姓氏笔画排序）：

王君雅 刘 滢 李 跃

陆鲜琳 魏 巍

>>>

浙江工商大学 出版社
ZHEJIANG GONGSHANG UNIVERSITY PRESS

·杭州·

图书在版编目（CIP）数据

建设工程施工管理/学天教育教学研究院编. — 杭州：浙江工商大学出版社, 2024.9

二级建造师执业资格考试通关必做

ISBN 978-7-5178-5957-4

Ⅰ. ①建… Ⅱ. ①学… Ⅲ. ①建筑工程—施工管理—资格考试—自学参考资料 Ⅳ. ① TU71

中国国家版本馆 CIP 数据核字 (2024) 第 030661 号

二级建造师执业资格考试通关必做　建设工程施工管理

ER JI JIANZAOSHI ZHIYE ZIGE KAOSHI TONGGUAN BIZUO　JIANSHE GONGCHENG SHIGONG GUANLI

学天教育教学研究院　编

策划编辑　周敏燕

责任编辑　周敏燕

责任校对　沈黎鹏

封面设计　河南天晖卓创文化传播有限公司

责任印制　祝希茜

出版发行　浙江工商大学出版社

（杭州市教工路 198 号　邮政编码 310012）

（E-mail: zjgsupress@163.com）

（网址: http://www.zjgsupress.com）

电话: 0571-88904980, 88831806（传真）

排　　版　学天教育图书出版组

印　　刷　杭州印美捷印务有限公司

开　　本　787 mm × 1092 mm　1/16

印　　张　13.75

字　　数　228 千

版 印 次　2024 年 9 月第 1 版　2024 年 9 月第 1 次印刷

书　　号　ISBN 978-7-5178-5957-4

定　　价　50.00 元

前言

为满足我国建筑业快速发展、规模不断扩大的需求，以及加快产业升级，2002年原人事部和建设部联合颁发了《建造师执业资格制度暂行规定》（人发〔2002〕111号），对从事建设工程项目总承包及施工管理关键岗位的专业技术人员实行建造师执业资格制度。我国的建筑业企业应对标世界一流的施工企业，深入查找薄弱环节，健全工作制度、完善运行机制、优化管理流程、明确岗位职责，加强管理体系建设和管理能力建设，加强建设工程的项目管理，全面提升管理能力和水平。

实行建造师执业资格制度后，我国大中型工程施工项目负责人由取得注册建造师资格的人士担任，以提高工程施工管理水平，保证工程质量和安全。建造师是懂管理、懂技术、懂经济、懂法规，综合素质较高的综合型人才，既有理论水平，又有丰富的实践经验和较强的组织能力。二级建造师执业资格考试总共有三门考试科目：建设工程施工管理、建设工程法规及相关知识以及对应的专业工程管理与实务（包括建筑工程、市政公用工程、机电工程、公路工程、水利水电工程和矿业工程）。考核的目的就是选取符合要求的注册建造师。

其中，建设工程施工管理是最基础的科目，主要围绕施工方的项目管理、建设工程项目管理的主要任务展开，包括控制成本、控制进度、控制质量、安全管理、合同管理以及与项目参与各方的沟通协调。考试内容注重考核与工程项目管理工作密切相关的施工管理知识。该科目其实是以系统性的管理理论知识为主，结合施工过程中常见的工程问题、难题，以考促学，提高执业者的管理水平，进而使其在实践中规范合理地进行工程项目管理。因此，系统学习时更需把握以下三点：重逻辑、重理解、重记忆。

最后预祝各位考生都能通过考试，取得二级建造师执业资格证书，成为懂法规、通技术、善管理的工程管理人员，为我国建筑行业添砖加瓦，作出自己的一番贡献。

学天教育教学研究院

亲爱的同学们，备考建造师是人生旅途中一场特殊的修行，需要大家投入很多的时间、精力以及学习热情。不积跬步无以至千里，不积小流无以成江海！人生之事，贵在坚持！愿我们春种一粒粟，秋收万颗子！

祝愿同学们2025年一次通关，顺利取证！

签名人：周建

本书特色

分值分布明确模块重要性，学员可针对不同分值，结合自己实际情况，更有目标性地学习

二级建造师《建设工程施工管理》分值分布表

章 节		预计分值
第1章	1.1 工程项目投资管理与实施	6
	1.2 施工项目管理组织与项目经理	5
	1.3 施工组织设计与项目目标动态控制	5
第2章	2.1 施工招标投标	7
	2.2 合同管理	9
	2.3 施工承包风险管理及担保保险	4

答案速查

答案速查

夯实基础

	第一章 施工组织与目标控制					
工程项目投资管理与实施	1. C	2. C	3. B	5. A	6. A	7. A
	8. B	9. A	10. A	11. A	12. B	13. C	14. B
	15. BCE	16. ADE	17. ABE			
施工项目管理组织与项目经理	1. C	2. D	3. B	4. D	5. B	6. ADE
施工组织设计与项目目标动态控制	1. D	2. B	3. B	4. B	6. A	7. BCE
	8. BC	9. ABD	10. BCD			
	第二章 施工招标投标与合同管理					
	1. C	2. C	3. D	4. A	5. A	7. C
施工招标投标	8. A	9. A	10. B	11. A	12. D	13. D	14. ACD
	15. BD	16. ACDE	17. ABE	18. BDE	19. ABDE	20. BC
	1. D	2. A	3. D	4. C	5. A	7. D
合同管理	15. B	16. C	17. A	18. A	19. A	20. C	21. B
	22. A	23. C	24. C	25. ADE	26. BC	27. ABCD	28. ABCE
	29. ABE	30. ABC	31. BCD	32. ACDE	33. ACE	34. ACD
施工承包风险管理及担保保险	1. C	2. C	3. D	4. A	5. A	6. D	7. B
	8. D	9. BCD	10. ABE	11. ABE	12. BDE	13. ABE
	第三章 施工进度管理					
工程进度影响因素与进度计划系统	1. B	2. B	3. ACD			
流水施工进度计划	1. C	2. B	3. B	4. C	5. AC	6. ACE	7. ACD
	8. ABC	9. ACE	10. ACE	11. BD		

答案速查

方便学员快速核对答案

2.根据《建筑信息模型施工应用标准》，在施工进度管理中，应用BIM技术可以进行的工作是（　　）**【必会】**

A.基于定额创建工作分解结构

B.基于定额完成资源配置

C.基于工程量估算编制进度计划

D.基于资源分析创建进度管理模型

3.《项目管理知识体系指南》要求建立以（　　）为导向的项目管理理念，从项目需求提出开始到项目交付使用，以追求价值卓越为目标，最终完整实现项目价值。**【熟悉】**

A.交付价值　　　　　　　　　　B.社会效益

C.投资效益　　　　　　　　　　D.技术创新

标识学习重难点，有助于学员分辨每个题目的重要程度，更好地夯实基础

通关必做卷一（基础阶段测试）

试卷总分：100分

扫码查看视频讲解

一、单项选择题（共60题，每题1分。每题的备选项中，只有1个最符合题意）

1.除国家对采用高新技术成果有特别规定外，以工业产权、非专利技术作价出资的比例不得超过投资项目资本金总额的（　　）。

A.10%　　　　　　　　　　B.15%

C.20%　　　　　　　　　　D.50%

2.关于施工总承包管理方责任的说法，正确的是（　　）。

A.需要承担施工任务并对其质量负责

B.与分包方和供货商直接签订合同

C.需要承担对分包方的组织和管理责任

D.负责组织和指挥总承包单位的施工

卷子依照基础、进阶、冲刺阶段排序，与夯实基础篇题目相呼应，考查学员对题目的掌握程度，助力学员提升自我水平，取得更高分值

根据每个章节的考题，重点突出本章节重要内容，让学员吃透考点、加深记忆

知识点睛

①区别施工准备的质量控制中的**技术准备**和**现场准备**。

②施工过程的质量控制，作业技术**准备状态**、作业技术活动过程、作业技术活动结果、**工序**施工。

③施工质量检查验收，**项目划分、谁组织验收、验收合格**的要求。

二级建造师《建设工程施工管理》分值分布表

章 节		预计分值
第1章	1.1　工程项目投资管理与实施	6
	1.2　施工项目管理组织与项目经理	5
	1.3　施工组织设计与项目目标动态控制	5
第2章	2.1　施工招标投标	7
	2.2　合同管理	9
	2.3　施工承包风险管理及担保保险	4
第3章	3.1　施工进度影响因素与进度计划系统	2
	3.2　流水施工进度计划	4
	3.3　工程网络计划技术	6
	3.4　施工进度控制	2
第4章	4.1　施工质量影响因素及管理体系	3
	4.2　施工质量抽样检验和统计分析方法	4
	4.3　施工质量控制	4
	4.4　施工质量事故预防与调查处理	4
第5章	5.1　施工成本影响因素及管理流程	2
	5.2　施工定额的作用及编制方法	4
	5.3　施工成本计划	3
	5.4　施工成本控制	3
	5.5　施工成本分析与管理绩效考核	4
第6章	6.1　职业健康安全管理体系	2
	6.2　施工生产危险源与安全管理制度	4
	6.3　专项施工方案及施工安全技术管理	4
	6.4　施工安全事故应急预案和调查处理	3
第7章	7.1　绿色施工管理	2
	7.2　施工现场环境管理	2
第8章	8.1　施工文件归档管理	1
	8.2　项目管理新发展	1

目录

CONTENTS

第一部分

夯实基础

考情解密

本章是整个课程的基础。学习重点应放在各类概念的理解记忆上，同时应用关键词法，对一些核心知识进行理解记忆。

各节名称	预计分值	本章重点
工程项目投资管理与实施	6	（1）施工承包模式。
施工项目管理组织与项目经理	5	（2）工程监理。 （3）工程质量监督。 （4）施工方项目管理目标和任务。
施工组织设计与项目目标动态控制	5	（5）施工项目管理组织。 （6）项目经理的职责和权限。 （7）施工组织设计的编制审批。
合计	16	（8）目标动态控制及纠偏措施。

1.1 工程项目投资管理与实施

Tips：平均考核 6 分。强力预测考核：4 个单选和 1 个多选。

一、单项选择题

1. 关于项目资本金的说法，正确的是（　　）。【熟悉】

　　A.投资者不可转让项目资本金

　　B.项目法人需承担项目资本金的利息

　　C.投资者不得以任何方式抽回项目资本金

　　D.项目资本金是债务性资金

2. 某城市保障性住房项目总投资100亿元，本项目资本金最低出资额为（　　）亿元。【必会】

　　A.20　　　　　　　　B.25　　　　　　　　C.30　　　　　　　　D.35

3. 对于社会公益服务、公共基础设施、农业农村、生态环境保护、重大科技进步、社会管理、国家安全等领域的非经营性项目，政府投资资金以（　　）方式为主。【了解】

　　A.直接投资　　　　　　　　　　　B.资本金注入

　　C.投资补助　　　　　　　　　　　D.贷款贴息

4. 对于实行项目资本金制度的投资项目，用来确定资本金的项目总投资是指该投资项目的（　　）之和。【必会】

　　A.固定资产投资与全部流动资金　　　B.固定资产投资与铺底流动资金

　　C.建设投资与建设期贷款利息　　　　D.工程费用与预备费

5. 关于施工总承包模式特点的说法，正确的是（　　）。【必会】

　　A.在开工前就有明确的合同价，有利于业主对总造价的早期控制

　　B.施工总承包单位负责项目总进度计划的编制、控制、协调

　　C.不需要施工图就可以进行报价

　　D.业主需负责施工总承包单位和分包单位的管理和组织协调

6. 在施工总承包管理模式中，与分包单位直接签订施工合同的单位一般是（　　）。【必会】

　　A.业主方　　　　　　　　　　　　B.监理方

　　C.施工总承包方　　　　　　　　　D.施工总承包管理方

7. 建设工程采用平行承包模式的特点是（　　）。【必会】

　　A.有利于缩短建设工期　　　　　　B.不利于控制工程质量

　　C.业主组织管理简单　　　　　　　D.工程造价控制难度小

8. 关于合作体承包模式的说法，正确的是（　　）。【必会】

　　A.建设单位组织协调工作量大

　　B.建设单位的风险较大

　　C.建设单位只跟合作体签订合同

　　D.采取捆绑式经营方式

9. 下列项目中，必须实行监理的是（　　）。【必会】

　　A.投资额为800万元的学校项目

　　B.建筑面积为30000 m² 的住宅

C.投资额为2500万元的邮政项目

D.投资额为1000万元的供热项目

10. 第一次工地会议由（   ）主持召开，会议纪要由项目监理机构负责整理，与会各方代表会签。【熟悉】

A.建设单位   B.设计单位

C.监理单位   D.施工单位

11. 工程施工过程中，项目监理机构发现施工单位未经批准擅自施工时，应签发的文件是（   ）。【必会】

A.工程暂停令   B.工作联系单

C.监理通知   D.监理报告

12. 建设工程质量监督机构对地基基础混凝土强度进行监督检测，属于政府质量监督中的（   ）。【必会】

A.生产过程监督   B.工程实体质量监督

C.工程质量行为监督   D.施工管理状况监督

13. 工程质量监督机构接受建设单位提交的有关建设工程质量监督申报手续，审查合格后应签发（   ）。【必会】

A.施工许可证   B.质量监督报告

C.质量监督文件   D.第一次监督记录

14. 建设工程质量监督档案归档时，应由（   ）审核同意并加盖单位公章后出具。【了解】

A.总监理工程师   B.质量监督机构负责人

C.建设单位项目负责人   D.建设行政主管部门负责人

二、多项选择题

15. 某项目采用联合体承包模式，对业主来讲，其特点有（   ）。【必会】

A.组织协调工作量大   B.有利于控制造价

C.合同结构简单   D.不利于增强抗风险能力

E.发挥各单位的特长和优势

16.下列属于总监理工程师职责的有（　　）。【必会】

A.组织召开监理例会

B.组织编写监理日志

C.负责编制监理实施细则

D.组织审核分包单位资格

E.签发工程款支付证书

17.下列工作中，总监理工程师不得委托给总监理工程师代表的有（　　）。【必会】

A.组织工程竣工预验收

B.组织审核竣工结算

C.组织审查和处理工程变更

D.组织召开监理例会

E.签发工程开工令

知识点睛

①项目资本金属于非债务性资金，项目法人不承担这部分资金的任何利息和债务。

②区分平行承包、施工总承包、联合体、合作体的特点。

③区分总监和专监的职责。

1.2　施工项目管理组织与项目经理

Tips：平均考核 5 分。强力预测考核：3 个单选和 1 个多选。

一、单项选择题

1.关于项目管理责任矩阵的说法，正确的是（　　）。【熟悉】

A.责任检查时，横向检查可以确保每个人至少负责一项工作

B.责任检查时，纵向检查可以确保每项工作都有人员负责

C.基于管理活动的工作量估算，可以横向统计每个活动的总工作量

D.基于管理活动的工作量估算，可以纵向统计每个活动的总工作量

2.直线职能式组织结构的特点是（　　）。【了解】

A.信息传递路径较短

B.容易形成多头领导

C.各职能部门间横向联系强

D.各职能部门职责清晰

3. 某公司为完成某大型复杂的工程项目，要求在项目管理组织机构内设置职能部门以发挥各类专家作用。同时从公司临时抽调专业人员到项目管理组织机构，要求所有成员只对项目经理负责，项目经理全权负责该项目。该项目管理组织机构宜采用的组织形式是（   ）。【必会】

A.直线式   B.强矩阵式

C.职能式   D.弱矩阵式

4. 施工企业项目经理的管理权限应由企业（   ）授予。【熟悉】

A.董事会   B.经理层

C.股东大会   D.法定代表人

5. 承包人更换项目经理应事先征得建设单位同意，并应在更换（   ）前通知发包人和监理人。【熟悉】

A.7天   B.14天

C.28天   D.30天

二、多项选择题

6. 在施工项目部编制的责任矩阵图中，任务执行者在项目管理中的角色有（   ）。

【必会】

A.负责人   B.授权人

C.监理人   D.参与者

E.审查者

知识点睛

①掌握直线式、职能式、直线职能式、矩阵式组织结构的特点以及应用。

②掌握项目经理的职责、权限。

1.3 施工组织设计与项目目标动态控制

Tips：平均考核5分。强力预测考核：3个单选和1个多选。

一、单项选择题

1. 下列施工项目实施策划的工作内容中，属于策划准备工作的是（ ）。【熟悉】

A.明确策划职责分工 B.确定主要策划内容

C.编制项目实施策划书 D.编制施工调查提纲

2. 重点、难点分部分项工程等方案应由施工单位技术部门组织相关专家评审，最终由
（ ）批准。【熟悉】

A.项目负责人 B.施工单位技术负责人

C.施工单位负责人 D.项目技术负责人

3. 施工部署是单位工程施工组织设计的纲领性内容，包括工程项目施工目标、施工组
织安排以及（ ）等。【必会】

A.主要施工方案 B.进度安排及空间组织

C.资源配置计划 D.施工进度计划

4. 下列施工项目目标控制措施中，属于组织措施的是（ ）。【必会】

A.做好施工合同交底工作

B.建立施工项目目标控制工作考评机制

C.合理处置工程变更和施工索赔

D.改进施工方法和施工工艺

5. 在施工项目实施策划的准备工作阶段，编制施工调查提纲并组织有关人员进行施工
调查的工作应由施工企业中的（ ）部门负责。【必会】

A.工程管理 B.工程技术

C.合同管理 D.经营管理

6. 进行施工项目实施策划时，需要由施工企业财务管理部门提出（ ）管理要求。
【必会】

A.工程投保 B.培训工作

C.施工分包 D.劳务队伍准入

二、多项选择题

7. 根据编制对象的不同，施工组织设计可分为（　　　）。【必会】

A.单项施工组织设计
B.施工组织总设计

C.单位工程施工组织设计
D.危大工程施工组织设计

E.施工方案

8. 施工组织设计的编制中，单位工程施工组织设计与施工方案内容中都需要编制的有（　　　）。【必会】

A.施工总进度计划
B.工程概况

C.施工准备与资源配置计划
D.施工安排

E.施工现场平面布置

9. 建设工程施工组织设计的编制依据有（　　　）。【必会】

A.工程设计文件
B.施工合同文件

C.监理实施细则
D.工程地质条件

E.施工平面布置图

10. 下列项目目标动态控制的纠偏措施中，属于技术措施的有（　　　）。【必会】

A.调整工作流程组织

B.改变施工机具

C.采用"四新"技术并组织专家论证

D.改进施工方法

E.调整项目管理职能分工

> **知识点睛**
>
> ①掌握 施工组织设计的编制依据、分类及各自的内容、编制与审批、动态管理。
>
> ②掌握目标动态控制的纠偏措施。

第2章
施工招标投标与合同管理

考情解密

本章主要集中在填空型、判断型、归属型选择题，记忆量大，知识点容易混淆，因此学习时应建立学习思路，采取对比记忆等方法进行学习。

各节名称	预计分值	本章重点
施工招标投标	7	（1）单价合同、总价合同、成本加酬金合同。 （2）工程量清单的投标报价。 （3）施工投标报价策略。
合同管理	9	（3）专业分包合同。 （4）劳务分包合同。
施工承包风险管理及担保保险	4	（5）施工合同变更管理。 （6）施工合同索赔程序。
合计	20	（7）工程风险。 （8）工程保险。 （9）工程担保。

2.1 施工招标投标

Tips: 平均考核 7 分。强力预测考核：3 个单选和 2 个多选。

一、单项选择题

1. 招标人应按照资格预审公告规定的时间、地点发售资格预审文件。资格预审文件的发售期不得少于（　　）日。【了解】

   A.7　　　　　　　　B.15　　　　　　　　C.5　　　　　　　　D.3

2. 对于工期不超过1年、工程规模较小、技术简单成熟、招标时已有施工图设计文件的中小型工程，一般宜采用的合同计价方式是（　　）。【必会】

   A.可调总价合同　　　　　　　　　B.固定单价合同

   C.固定总价合同　　　　　　　　　D.可调单价合同

3.工程施工招标时发布招标公告，属于施工合同订立环节中的（　　）行为。
【了解】

  A.要约   B.要约邀请

  C.合同生效   D.承诺

4.关于固定总价合同的说法，正确的是（　　）。【必会】

  A.固定总价合同适用工程结构技术复杂的工程

  B.采用固定总价合同，双方结算比较简单，但承包商承担较大风险

  C.承包商在投标阶段的报价失误，总价可以调整

  D.建设单位承担合同履行中的主要风险，因此投标价较低

5.采用单价合同时，最终工程结算总价是按（　　）计算确定的。【熟悉】

  A.发包人提供的清单工程量及承包人所填报的单价

  B.发包人提供的清单工程量及承包人实际发生的单价

  C.实际完成并经监理工程师计量的工程量及承包人所填报的单价

  D.实际完成并经监理工程师计量的工程量及承包人实际发生的单价

6.关于固定单价合同的说法，正确的是（　　）。【必会】

  A.当通货膨胀达到一定水平时，可对单价进行调整

  B.当国家政策发生变化时，可对单价进行调整

  C.当实际工程量发生较大变化时，可对单价进行调整

  D.无论发生哪些影响价格的因素都不对单价进行调整

7.关于成本加酬金合同计价方式的说法，正确的是（　　）。【必会】

  A.需要确定合同的准确工程内容

  B.不适用于抢险救灾工程

  C.对业主的投资控制不利

  D.对承包商而言，比固定总价合同的风险大

8.成本加酬金合同可分为成本加固定百分比酬金、成本加固定酬金、成本加浮动酬金和目标成本加奖罚四类合同形式。其中，既不能激励施工单位缩短工期，又不能激励施工单位降低成本的是（　　）合同。【熟悉】

  A.成本加固定百分比酬金   B.成本加固定酬金

  C.成本加浮动酬金   D.目标成本加奖罚

9. 下列合同计价方式中，建设单位容易控制造价，施工承包单位风险大的是（   ）。【必会】

　　A.总价合同　　　　　　　　　　　B.目标成本加奖罚合同

　　C.单价合同　　　　　　　　　　　D.成本加固定酬金合同

10. 某工程项目的土方工程采用机械挖土方、人工运输和机械运输，招标工程量清单中的挖土方数量为4000 m^3，投标人估算的机械挖土方费用为130000元，人工运土费用为30000元，机械运土费用为50000元，管理费取人、料、机费用之和的15%，利润取人、料、机与管理费之和的6%。根据《建设工程工程量清单计价规范》，不考虑其他因素，投标人投标报价时挖土方综合单价为（   ）元/m^3。【熟悉】

　　A.34.13　　　　　　　　　　　　B.64.00

　　C.39.62　　　　　　　　　　　　D.63.53

11. 根据《建设工程工程量清单计价规范》，投标人进行投标报价时，当招标文件描述的项目特征与设计图纸不符，则投标人在确定综合单价时，应（   ）。【必会】

　　A.以招标文件描述的项目特征为报价依据

　　B.以设计图纸作为报价依据

　　C.综合两者对项目特征共同描述作为报价依据

　　D.暂不报价，待施工时依据设计变更后的项目特征报价

12. 根据《建设工程工程量清单计价规范》，必须按照国家或省级、行业建设主管部门的规定计算，不得作为竞争性费用的是（   ）。【必会】

　　A.规费、税金和企业管理费

　　B.安全文明施工费、规费和风险费用

　　C.税金、利润和税金

　　D.安全文明施工费、规费和税金

13. 关于投标人投标的说法，正确的是（   ）。【必会】

　　A.投标文件应在投标截止日后3天内递交给招标人

　　B.投标文件需要盖有投标企业公章或企业法定代表人名章

　　C.投标文件在对招标文件的实质性要求做出响应后，可另外提出新的要求

　　D.施工投标文件编制完成后，在装订之前需要按招标文件要求进行全面校对

二、多项选择题

14. 建设单位采用邀请招标方式选择施工单位的优点有（　　　）。【必会】

    A.投标人数量较少，可以减少评标工作量，降低费用

    B.投标人范围较广，有利于获得在技术上有竞争力的报价

    C.不需要设置资格预审环节，可以缩短招标时间

    D.可以在一定程度上减少合同履行中的承包商违约风险

    E.可以在较大程度上避免招标过程中的串标行为

15. 下列措施项目中，属于单价措施项目的有（　　　）。【必会】

    A.文明施工   B.脚手架

    C.安全防护   D.施工降水工程

    E.临时设施

16. 根据《建设工程工程量清单计价规范》，工程量清单中的其他项目清单包含的内容有（　　　）。【必会】

    A.暂列金额   B.安全文明施工费

    C.总承包服务费   D.暂估价

    E.计日工

17. 根据《建设工程工程量清单计价规范》，暂列金额可用于支付（　　　）。【必会】

    A.施工中发生现场签证的费用

    B.施工中发生索赔的费用

    C.因承包人原因导致隐蔽工程质量不合格的返工费用

    D.因施工缺陷造成的工程维修费用

    E.施工中发生设计变更增加的费用

18. 下列选项中，属于规费的有（　　　）。【必会】

    A.暂估价   B.工伤保险费

    C.暂列金额   D.医疗保险费

    E.住房公积金

19. 根据《建设工程工程量清单计价规范》，分部分项工程综合单价包括（　　　）。

    【必会】

A.人工费

B.材料费

C.规费

D.利润

E.企业管理费

20.施工投标采用不平衡报价法时，可以适当提高报价的项目有（　　　）。【必会】

A.工程内容说明不清楚的项目

B.暂定项目中必定要施工的不分标项目

C.单价与包干混合制合同中采用包干报价的项目

D.综合单价分析表中的材料费项目

E.预计开工后工程量会减少的项目

知识点睛

①重点区分总价合同、单价合同、成本加酬金合同的适用条件以及特点。

②熟悉基于工程量清单的投标报价，包括综合单价的组成及计算。

③掌握投标人投标报价的基本策略、报价技巧。

2.2　合同管理

Tips：平均考核9分。强力预测考核：5个单选和2个多选。

一、单项选择题

1.根据通用合同条款解释，排在专用合同条款之前的是（　　　）。【必会】

A.技术标准和要求

B.已标价工程量清单

C.通用合同条款

D.投标函及投标函附录

2.监理应于开工日期（　　　）天前向承包人发出开工通知书。【熟悉】

A.7

B.10

C.14

D.28

3.根据《标准施工招标文件》，关于合同进度计划的说法，正确的是（　　　）。【必会】

A.监理人应编制施工进度计划和施工方案说明并报发包人

B.监理人不能直接向承包人作出修订合同进度计划的指示

C.承包人可以不按照监理的指示，自主修订合同进度计划

D.实际进度与合同进度不符时，承包人应提交修订合同进度计划申请报告等资料，报监理人审批

4. 根据《标准施工招标文件》，关于暂停施工的说法，正确的是（　　）。【必会】

A.由发包人原因引起的暂停施工，承包人有权要求延长工期和（或）增加费用，但不得要求补偿利润

B.发包人原因造成暂停施工，承包人可不负责暂停施工期间工程的保护

C.因发包人原因发生暂停施工的紧急情况时，承包人可以先暂停施工，并及时向监理人提出暂停施工的书面请求

D.施工中出现一些意外需要暂停施工的，所有责任由发包人承担

5. 某隐蔽工程施工结束后，承包人未通知监理人检查即自行隐蔽，后又遵照监理人的指示进行剥离并共同检验，确认该隐蔽工程的施工质量满足合同要求。关于工期和费用处理的说法，正确的是（　　）。【必会】

A.工期延误和费用损失均由发包人承担

B.给承包人顺延工期，但不补偿费用

C.工期延误和费用损失均由承包人承担

D.给承包人补偿费用，但不顺延工期

6. 《标准施工招标文件》通用合同条款中的"基准日期"指的是（　　）。【必会】

A.投标截止日期之前的第14天

B.合同签订日期之前的第14天

C.投标截止日期之前的第28天

D.合同签订日期之前的第28天

7. 在最终结清阶段，发包人应在监理人出具最终结清证书后的（　　）天内，将应支付款支付给承包人。【了解】

A.3　　　　　　　　B.5　　　　　　　　C.7　　　　　　　　D.14

8. 根据《标准施工招标文件》，关于施工合同变更权利和变更程序的说法，正确的是（　　）。【必会】

A.承包人书面报告发包人后，可根据实际情况对工程进行变更

B.发包人可以直接向承包人发出变更意向书

C.监理人应在收到承包人书面建议后30天内作出变更指示

D.承包人根据合同约定，可以向监理人提出书面变更建议

9. 根据《标准施工招标文件》，对于施工合同变更的估价，已标价工程量清单中无适用项目的单价，监理工程师确定承包商提出的变更工作单价时，应按照（　　）原则。【熟悉】

A.固定总价　　　　　　　　　　B.成本加利润

C.固定单价　　　　　　　　　　D.可调单价

10. 根据《建设工程工程量清单计价规范》，某工程签订了单价合同，在执行过程中，某分项工程原清单工程量为1000 m^3，综合单价为25元/m^3，后因业主方原因实际工程量变更为1500 m^3，合同中约定：若实际工程量超过计划工程量15%，超过部分综合单价调整为原来的0.9。不考虑其他因素，则该分项工程的结算款应为（　　）元。【熟悉】

A.32875　　　　　B.33750　　　　　C.35000　　　　　D.36625

11. 根据《标准施工招标文件》，经验收合格工程的实际竣工日期应以（　　）日期为准。【熟悉】

A.工程接收证书颁发　　　　　　B.组织工程竣工验收

C.竣工验收申请报告提交　　　　D.工程验收证书签发

12. 施工承包人向发包人索赔的第一步工作是（　　）。【必会】

A.向发包人递交索赔报告

B.将索赔报告报监理工程师审查

C.向监理人递交索赔意向通知书

D.分析确定索赔额

13. 因变更引起的价格调整中，已标价工程量清单中没有适用于变更工作的子目，但有类似子目的，此时变更工作的单价应（　　）。【必会】

A.按照实际成本加投标报价利润率由监理人确定

B.按照成本加利润的原则由承包人确定单价

C.直接采用类似子目的单价

D.在合理范围内参照类似子目的单价确定

14. 根据《标准施工招标文件》，承包人在施工中遇到不利物质条件时，采取合理措施继续施工，承包人可以据此提出（　　）索赔。【熟悉】

A.费用和利润

B.费用和工期

C.风险费和利润

D.工期和风险费

15. 安全文明施工费的结算依据是（　　）。【熟悉】

A.安全文明施工费台账

B.施工合同及实施过程中的费用核查情况

C.安全文明施工费报价单

D.有关企业安全生产费用提取制度

16. 根据《最高人民法院关于审理建设工程施工合同纠纷案件适用法律问题的解释（一）》，当事人对建设工程实际竣工日期有争议的，关于人民法院认定竣工日期的说法，正确的是（　　）。【必会】

A.建设工程经竣工验收合格的，以承包人提交竣工验收报告之日为竣工日期

B.建设工程未经竣工验收，发包人擅自使用的，以竣工验收合格之日为竣工日期

C.承包人已经提交竣工验收报告，发包人拖延验收的，以承包人提交验收报告之日为竣工日期

D.建设工程未竣工验收，发包人擅自使用的，以承包人实际完工之日为竣工日期

17. 对工程款付款时间没有约定或者约定不明的，视为应付款时间的是（　　）。【必会】

A.建设工程未交付，工程款也未结算的，为当事人起诉之日

B.建设工程未交付，工程价款也未结算的，为提交竣工结算文件之日

C.建设工程已经实际交付的，为提交竣工结算文件之日

D.建设工程未交付的，为当事人起诉之日

18. 根据《最高人民法院关于审理建设工程施工合同纠纷案件适用法律问题的解释（一）》，关于垫资的说法，正确的是（　　）。【必会】

A.当事人对垫资利息未作约定的，法院不予支持利息

B.法律、行政法规明确禁止垫资

C.当事人对垫资没有约定的，按照借款处理

D.当事人约定垫资利息的，其利率最高为同期银行贷款利率的4倍

19. 根据《建设工程施工专业分包合同（示范文本）》，关于施工专业分包的说法，正确的是（　　）。【必会】

    A.专业分包人应按规定办理有关施工噪声排放的手续，并承担由此发生的费用

    B.专业分包人只有在承包人发出指令后，才能允许发包人授权的人员在工作时间内进入分包工程施工场地

    C.分包工程合同不能采用固定价格合同

    D.分包工程合同价款与总包合同相应部分价款没有连带关系

20. 根据《建设工程施工劳务分包合同（示范文本）》，关于保险的说法，正确的是（　　）。【必会】

    A.施工前，劳务分包人应为施工场地内的自有人员及第三人人员生命财产办理保险，并承担相关费用

    B.劳务分包人应为运至施工场地用于劳务施工的材料办理保险，并承担相关保险费用

    C.劳务分包人必须为从事危险作业的职工办理意外伤害险，并支付相关保险费用

    D.承包人租赁给劳务分包人使用的施工机械设备由劳务分包人办理保险，并支付相关保险费用

21. 在劳务施工中，不可抗力事件持续发生，劳务分包人应每隔（　　）天向工程承包人项目经理通报一次受害情况。【了解】

    A.5　　　　　　　　B.7　　　　　　　　C.14　　　　　　　　D.28

22. 根据《标准材料采购招标文件》，材料采购合同文件中：①供货要求；②通用合同条款；③专用合同条款；④中标通知书。以上合同条款中，优先解释的顺序是（　　）。【熟悉】

    A.④-③-②-①　　　　　　　　　　　　B.①-②-③-④

    C.③-②-①-④　　　　　　　　　　　　D.②-③-④-①

23. 合同材料、设备的所有权和风险自（　　）时起由卖方转移至买方。【熟悉】

    A.签订购买合同　　　　　　　　　　　B.开始运输

    C.交付　　　　　　　　　　　　　　　D.结清款支付完毕

24. 下列关于设备采购合同的质量保证期和迟延交付违约金的说法，不正确的是（　　）。【必会】

A.迟延交付的第1周到第4周，每周迟延交付违约金为迟交合同设备价格的0.5%

B.迟延交付的第5周到第8周，每周迟延交付违约金为迟交合同设备价格的1%

C.从迟延交付第9周起，每周迟延交付违约金为迟交合同设备价格的2%

D.合同设备整体质量保证期为验收之日起12个月

二、多项选择题

25.根据《标准施工招标文件》，下列工作中属于发包人责任和义务的有（　　）。
【必会】

A.提供测量基准资料并对数据进行解释

B.负责施工现场的环境保护工作

C.编制施工环保措施计划

D.办理取得出入施工场地的临时道路通行权

E.组织设计单位进行设计交底

26.根据《标准施工招标文件》通用合同条款，关于工程进度款支付的说法，错误的有
（　　）。【必会】

A.承包人应在每个付款周期末，向监理人提交进度付款申请单及相应的支持性证明
文件

B.监理人应在收到进度付款申请单和证明文件的7天内完成核查，并经发包人同意
后，出具经发包人签认的进度付款证书

C.监理人无权扣发承包人未按合同要求履行的工作的相应金额，应提交发包人进行
裁决

D.发包人应在监理人收到进度付款申请单后的28天内，将进度应付款支付给承包人

E.监理人出具进度付款证书，不应视为监理人已同意、接受承包人完成的该部分
工作

27.根据《标准施工招标文件》，工程变更的情形有（　　）。【必会】

A.改变合同中某项工作的质量

B.改变合同工程原定的位置

C.改变合同中已批准的施工顺序

D.为完成工程需要追加的额外工作

E.取消某项工作改由建设单位自行完成

28. 施工承包人在向监理人报送的工程质量保证措施文件中应包括的内容有（　　　　）。

　【必会】

A.质量检查机构的组织

B.质量检查程序

C.质量检查人员的组成

D.质量检测报告

E.质量检查实施细则

29. 根据《标准施工招标文件》，关于单位工程竣工验收的说法，正确的有（　　　　）。

　【必会】

A.发包人在全部工程竣工前需使用已竣工的单位工程时，可进行验收

B.单位工程竣工验收成果和结论作为全部工程竣工验收申请报告的附件

C.单位工程验收合格后，发包人向承包人出具经总监认可的单位工程验收证书

D.在全部工程竣工前，已经签发单位工程接收证书的工程由承包人进行照管

E.承包人完成不合格工程的补救工作后，应重新提交验收申请报告

30. 根据《建设工程施工合同（示范文本）》，关于不可抗力后果承担的说法，正确的有（　　　　）。【必会】

A.承包人在施工现场的人员伤亡损失由承包人承担

B.永久工程损失由发包人承担

C.承包人在停工期间按照发包人要求照管工程的费用由发包人承担

D.承包人施工机械损坏由发包人承担

E.发包人在施工现场的人员伤亡损失由承包人承担

31. 根据《建设工程施工专业分包合同（示范文本）》，属于承包人工作的有（　　　　）。【必会】

A.编制分包工程详细的施工组织设计

B.提供分包工程施工所需的施工场地

C.向分包人进行设计图纸交底

D.与项目监理人进行直接工作联系

E.编制分包工程年、季、月工程进度计划

32. 根据《建设工程施工劳务分包合同（示范文本）》，承包人的义务有（　　）。

【必会】

　　A.为劳务分包人提供生产、生活临时设施

　　B.为劳务分包人从事危险作业的职工办理意外伤害保险

　　C.向劳务分包人提供相应的水准点和坐标控制点

　　D.为租赁或提供给劳务分包人使用的施工机械设备办理保险

　　E.负责工程测量定位、技术交底，组织图纸会审

33. 根据《标准材料采购招标文件》中的通用合同条款，材料采购支付的合同价款有（　　）。【必会】

　　A.预付款　　　　　　　　　　　　　B.交货款

　　C.进度款　　　　　　　　　　　　　D.验收款

　　E.结清款

34. 根据《标准材料采购招标文件》，买方在支付进度款前需收到卖方提交的单据有（　　）。【必会】

　　A.卖方出具的交货清单正本一份

　　B.买方签署的收货清单正本一份

　　C.制造商出具的出厂质量合格证正本一份

　　D.合格价格100%全额的增值税发票正本一份

　　E.保险公司出具的履约保函正本一份

> **知识点睛**
>
> ①掌握施工承包合同中，发包人和承包人的责任义务、合同履行管理。
>
> ②掌握施工专业分包合同中，承包人和专业分包人的责任义务、价款及支付。
>
> ③掌握施工劳务分包合同中，承包人和劳务分包人的责任义务、保险、劳务报酬。
>
> ④掌握材料采购、设备采购的付款情况。

2.3 施工承包风险管理及担保保险

Tips: 平均考核4分。强力预测考核：2个单选和1个多选。

一、单项选择题

1. 施工风险管理工作包括：①施工风险应对；②施工风险评估；③施工风险识别；④施工风险监控。其正确的流程是（   ）。【必会】

   A.③-②-④-①   B.②-③-④-①

   C.③-②-①-④   D.①-③-②-④

2. 项目风险管理中，风险等级是根据（   ）评估确定的。【熟悉】

   A.风险因素发生的概率和风险管理能力

   B.风险损失量和承受风险损失的能力

   C.风险因素发生的概率和风险损失量

   D.风险管理能力和风险损失量

3. 按风险量大小将风险分为5个等级，关于风险等级的说法，正确的是（   ）。【了解】

   A.风险等级为大、很大的风险因素属于不希望有的风险

   B.风险等级为中等的风险因素是不可接受的风险

   C.风险等级为小的风险因素是不可接受的风险

   D.风险等级为很小的风险因素是可忽略风险

4. 某投标人在内部投标评审会中发现招标人公布的招标控制价不合理，因此决定放弃此次投标，该风险应对策略为（   ）。【必会】

   A.风险减轻   B.风险规避

   C.风险自留   D.风险转移

5. 下列质量风险对策中，属于"减轻"对策的是（   ）。【必会】

   A.依法实行联合体承包   B.采用第三方担保

   C.建立应急储备   D.向保险工程投保

6. 某招标项目估算价1000万元，投标截止日期为8月30日，投标有效期为9月25日，则该项目投标保证金金额和其有效期应是（   ）。【必会】

A.最高不超过30万元，有效期为9月25日

B.最高不超过30万元，有效期为8月30日

C.最高不超过20万元，有效期为8月30日

D.最高不超过20万元，有效期为9月25日

7.下列工程担保中，应由发包人出具的是（ ）。【必会】

A.履约担保   B.支付担保

C.预付款担保   D.投标担保

8.下列安装工程损失费用中，属于安装工程的一切险免责范围的是（ ）。

【必会】

A.因安装人员技术不精引起的事故损失

B.因突降冰雹造成已安装设备损坏的损失

C.因遭遇雷击造成电气设备损坏的损失

D.因超负荷造成电器用具本身的损失

二、多项选择题

9.施工承包风险可从施工项目本身和外部环境两方面考虑。下列属于外部环境风险的有（ ）。【必会】

A.施工进度延误风险   B.社会风险

C.市场风险   D.政策风险

E.工程款支付及结算风险

10.根据《建设工程项目管理规范》，施工风险管理计划应包括（ ）。【必会】

A.风险管理目标   B.可使用的风险管理方法、工具

C.确定风险因素   D.分析各种风险损失量

E.必需的资源和费用预算

11.项目风险评估工作包括（ ）。【必会】

A.确定各种风险的风险等级   B.分析各种风险的损失量

C.风险的相关特征   D.确定应对各种风险的对策

E.分析各种风险因素的发生概率

12. 履约担保的形式包括（　　　）。【必会】

A.信用证明　　　　　　　　　　B.银行履约保函

C.房屋抵押权证　　　　　　　　D.履约担保书

E.履约保证金

13. 下列建设工程施工过程中发生的损失，属于建筑工程一切险承保范围的有（　　　）。【必会】

A.非人为火灾事故造成的损失

B.工艺不善引发事故造成的损失

C.设计错误造成的损失

D.货物盘点时发生的盘亏损失

E.工地库房被盗造成的损失

> **知识点睛**
>
> ①熟悉施工承包风险的类型、风险管理计划、风险管理程序。
>
> ②掌握投标担保、履约担保、预付款担保、支付担保的区别。
>
> ③熟悉工程保险的种类、选择、理赔。

考情解密

本章涉及的计算型题目较多，网络计划参数的计算往往是学员学习的难点，而且本章中的双代号网络图计算涉及实务案例。案例中出现较多的考法是求总工期和关键线路，计算总时差并由此判断索赔工期。故本章学习重点要放在双代号网络图计算及应用方面，最好的学习方法是反复听课，反复做题练习。

各节名称	预计分值	本章重点
施工进度影响因素与进度计划系统	2	（1）流水施工的分类及参数计算。 （2）双代号网络图、单代号网络图的绘图规则与逻辑关系。 （3）双代号网络图、单代号网络图的时间参数计算。 （4）施工进度控制的方法。
流水施工进度计划	4	
工程网络计划技术	6	
施工进度控制	2	
合计	14	

3.1 施工进度影响因素与进度计划系统

> **Tips：** 平均考核2分。强力预测考核：2个单选。

一、单项选择题

1. 下列影响施工进度的不利因素中，属于自然条件的是（　　）。【必会】

　A.临时停水、停电、断路　　　　　　　　B.地下埋藏文物的处理

　C.地质勘察资料不准确　　　　　　　　　D.不成熟的施工技术应用

2. 关于横道图进度计划的说法，正确的是（　　）。【必会】

　A.可以利用计算机进行计算分析　　　　　B.编制简单、使用方便

　C.能反映各项工作的机动时间　　　　　　D.不能表明各项工作的持续时间

二、多项选择题

3. 按项目组成编制的施工进度计划包括（　　　）。【必会】

    A.施工总进度计划

    B.单项工程施工进度计划

    C.单位工程施工进度计划

    D.分部分项工程进度计划

    E.检验批工程进度计划

> **知识点晴**
>
> ①影响施工进度的因素分析，自身、相关单位、社会环境、自然条件等因素。
>
> ②横道图的优缺点对比。

3.2　流水施工进度计划

> Tips：平均考核 4 分。强力预测考核：2 个单选和 1 个多选。

一、单项选择题

1. 下列选项中，不属于流水施工的垂直图表示法的优点是（　　　）。【必会】

    A.施工过程及其先后顺序表述清楚

    B.时间和空间状况形象直观

    C.编制起来比横道图方便

    D.斜向进度线的斜率可以直观地表示出各施工过程的进展速度

2. 某工程有5个施工过程，划分为3个施工段组织固定节拍流水施工，流水节拍为2天，施工过程之间的组织间歇合计为4天。该工程的流水施工工期是（　　　）天。

    【熟悉】

    A.12   B.18

    C.20   D.26

3. 某分部工程有3个施工过程，分为4个施工段组织加快的成倍节拍流水施工，各施工过程流水节拍分别是3天、6天、9天，则该分部工程的流水施工工期是（　　　）天。【熟悉】

A.24　　　　　　　　　　　　　　B.27

C.36　　　　　　　　　　　　　　D.54

4. 某工程组织非节奏流水施工，两个施工过程在4个施工段上的流水节拍分别为5、8、4、4天和7、2、5、3天，则该工程的流水施工工期是（　　　）天。【熟悉】

A.16　　　　　　　　　　　　　　B.21

C.25　　　　　　　　　　　　　　D.28

二、多项选择题

5. 建设工程采用依次施工方式组织施工的特点有（　　　）。【必会】

A.没有充分利用工作面且工期较长

B.劳动力及施工机具等资源得到均衡使用

C.按专业成立的工作队不能连续作业

D.单位时间内投入的劳动力、机具和材料增加

E.施工现场的组织和管理比较复杂

6. 建设工程组织平行施工的特点有（　　　）。【必会】

A.能够充分利用工作面进行施工

B.单位时间内投入的资源量较为均衡

C.不利于资源供应的组织

D.施工现场的组织管理比较简单

E.工期短

7. 下列各类参数中，属于流水施工参数的有（　　　）。【必会】

A.工艺参数　　　　　　　　　　　B.定额参数

C.空间参数　　　　　　　　　　　D.时间参数

E.机械参数

8. 建设工程组织流水施工时，划分施工段的原则有（　　　）。【了解】

A.每个施工段需要有足够的工作面

B.施工段数要满足合理组织流水施工要求

C.施工段界限要尽可能与结构界限相吻合

D.同一专业工作队在同一施工段劳动量比相等

E.施工段必须在同一平面内划分

9.建设工程组织固定节拍流水施工的特点有（　　）。【熟悉】

A.专业工作队数等于施工过程数

B.施工过程数等于施工段数

C.各施工段流水节拍相等

D.有的施工段之间可能有空闲时间

E.相邻施工过程之间的流水步距相等

10.加快的成倍节拍流水施工的特点有（　　）。【熟悉】

A.同一施工过程在各个施工段上的流水节拍均相等

B.相邻施工过程的流水步距等于流水节拍

C.各个专业工作队在施工段上能够连续作业

D.每个施工过程均成立一个专业工作队

E.施工段之间没有空闲时间

11.建设工程组织非节奏流水施工的特点有（　　）。【了解】

A.各专业工作队不能在施工段上连续作业

B.相邻施工过程的流水步距不尽相等

C.各施工段的流水节拍相等

D.专业工作队数等于施工过程数

E.施工段之间没有空闲时间

知识点睛

①区分依次施工、平行施工、流水施工的特点。

②有节奏流水施工、等节奏流水施工、异节奏流水施工、加快的成倍节拍流水施工的特点及工期计算。

③非节奏流水施工的特点、步距、工期。

3.3 工程网络计划技术

Tips：平均考核 6 分。强力预测考核：4 个单选和 1 个多选。

一、单项选择题

1. 关于网络计划中节点的说法，正确的是（ ）。【必会】

A. 节点内可以用工作名称代替编号

B. 节点在网络计划中只表示事件，即前后工作的交接点

C. 所有节点均既有向内又有向外的箭线

D. 所有节点编号不能重复

2. 关于双代号网络图绘图规则的说法，正确的是（ ）。【必会】

A. 箭线不能交叉

B. 只有一个起点节点

C. 不能出现虚工作

D. 箭线应保持自右向左的方向

3. 利用施工网络进度计划，分析某项工作的进度偏差对总工期影响的时间参数是（ ）。【必会】

A. 总时差

B. 工作的最早完成时间

C. 间隔时间

D. 节点的最早时间

4. 某双代号网络计划如下图所示，存在的不妥之处是（ ）。【必会】

A. 有多个起点节点

B. 工作表示方法不一致

C. 节点编号不连续

D. 存在循环回路

5.某网络计划如下图所示，逻辑关系正确的是（　　）。【必会】

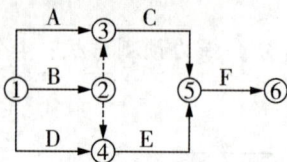

A.A完成后同时进行C、F　　　　　　　B.A、B均完成后进行E

C.F的紧前工作是D、E　　　　　　　　D.E的紧前工作是B、D

6.下列工作逻辑关系表达图中，表示"工作A和工作B都完成后再进行工作C、工作D"逻辑关系的是（　　）。【必会】

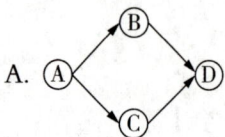

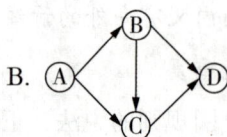

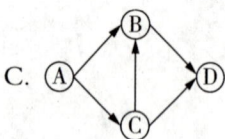

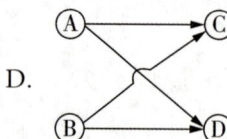

7.某工程双代号网络计划如下图所示（单位：天），其计算工期是（　　）天。【熟悉】

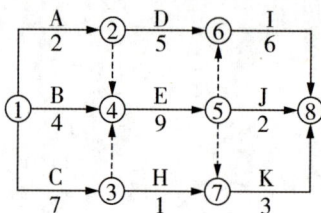

A.11　　　　　　　　　　　　　　　　B.13

C.15　　　　　　　　　　　　　　　　D.22

8.某双代号网络计划如下图所示，关键线路有（　　）条。【熟悉】

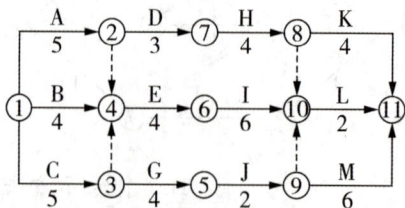

A.3　　　　　　B.1　　　　　　C.2　　　　　　D.4

9. 某工程双代号网络计划如下图所示，该网络计划存在（　　）条关键线路。【熟悉】

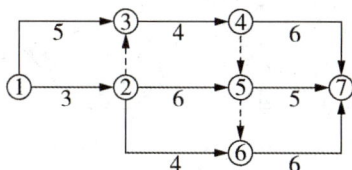

A.1 　　　　　　　　　　　　　　B.3

C.2 　　　　　　　　　　　　　　D.4

10. 根据工程网络施工进度计划的编制程序，下列网络计划的编制工作中，属于网络图绘制阶段的是（　　）。【熟悉】

A.确定计划目标 　　　　　　　　B.确定关键线路

C.优化网络计划 　　　　　　　　D.工程项目分解

11. 某工程网络计划执行过程中，经检查发现仅有工作M的实际进度拖后5天，已知该工作原计划总时差和自由时差分别为6天和3天，则工作M的实际进度拖后造成的影响是（　　）。【熟悉】

A.不影响总工期，但会影响后续工作的最迟开始时间

B.既不影响总工期，也不影响紧后工作的最早开始时间

C.不影响总工期，但会影响紧后工作的最早开始时间

D.影响总工期，但不影响紧后工作的最早开始时间

12. 某单代号网络计划中，相邻两项工作的部分时间参数如下图所示（单位：天），此两项工作的间隔时间是（　　）天。【熟悉】

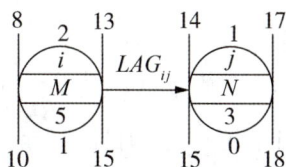

A.0 　　　　　　　　　　　　　　B.1

C.2 　　　　　　　　　　　　　　D.3

13. 单代号网络计划中，工作C的已知时间参数（单位：天）标注如下图所示，则该工作的最迟开始时间、最早完成时间和总时差分别是（　　）天。【熟悉】

A.3、10、5   B.5、8、2

C.3、8、5   D.5、10、2

14. 关于单代号网络计划绘图规则的说法，正确的是（   ）。【熟悉】

A.可以有多个起点节点，但只能有一个终点节点

B.不允许出现循环回路

C.所有箭线不允许交叉

D.可以绘制没有箭尾节点的箭线

15. 某工作有两个紧前工作，最早完成时间分别是第2天和第4天，该工作持续时间为5天，该工作的最早完成时间为（   ）天。【熟悉】

A.6   B.7   C.9   D.11

16. 某网络计划中，工作A有两项紧后工作C和D，C、D工作的持续时间分别为12天、7天，C、D工作的最迟完成时间分别为第18天、第10天，则工作A的最迟完成时间是第（   ）天。【了解】

A.3   B.5   C.6   D.8

17. 某工程网络计划中，工作N最早开始时间为第12天，持续时间为5天。该工作有3项紧后工作，它们的最早开始时间分别为第25天、第27天和第30天，则工作N的自由时差为（   ）天。【熟悉】

A.7   B.10   C.13   D.8

18. 在工程网络计划中，已知某工作总时差和自由时差分别为7天和5天，如果该工作的实际完成时间延长了3天，则该工作对网络计划的影响是（   ）。【熟悉】

A.使总工期延长3天，但不影响其后续工作的正常进行

B.不影响总工期，但使其后续工作的开始时间推迟3天

C.使后续工作的开始时间推迟3天，且总工期延长2天

D.既不影响总工期，也不影响其后续工作的正常进行

19. 某工作有2个紧后工作，紧后工作的总时差分别是5天和6天，对应的间隔时间分别是3天和1天，则该工作的总时差是（　　）天。【熟悉】

A.7　　　　　　　　B.6　　　　　　　　C.8　　　　　　　　D.9

20. 某工程网络计划中，工作F的最早开始时间为第11天，持续时间为5天；工作F有3项紧后工作，它们的最早开始时间分别为第20天、第22天和第23天，最迟开始时间分别为第21天、第24天和第27天，工作F的总时差和自由时差分别为（　　）天。【了解】

A.5、4　　　　　　　B.5、5　　　　　　　C.4、4　　　　　　　D.11、7

21. 某工程双代号时标网络计划如下图所示，图中表明的正确信息是（　　）。【必会】

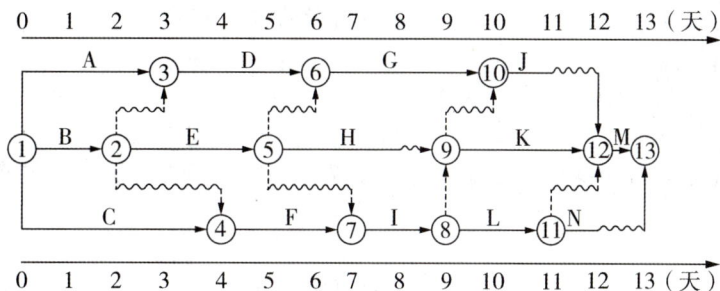

A.工作D的自由时差为1天

B.工作E的总时差等于自由时差

C.工作F的总时差为1天

D.工作H的总时差为1天

二、多项选择题

22. 某双代号网络计划如下图所示，绘图的错误有（　　）。【必会】

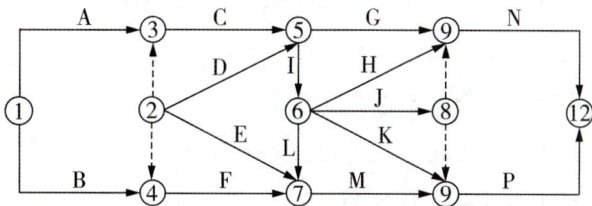

A.有多个起点节点　　　　　　　B.有多个终点节点

C.存在循环回路　　　　　　　　D.有多余虚工作

E.节点编号有误

23.某单代号网络计划如下图所示,存在的错误有(　　　)。【必会】

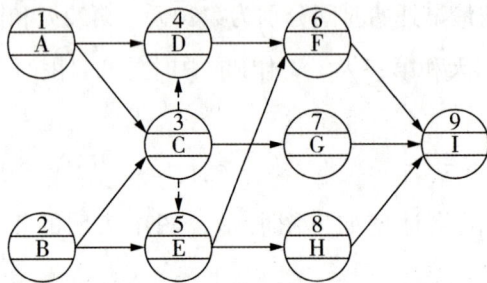

A.有多个起点节点　　　　　　　B.没有终点节点

C.有多余虚箭线　　　　　　　　D.出现交叉箭线

E.出现循环回路

24.下列网络计划的时间参数中,应以计划工期作为约束条件计算确定的有(　　　)。
【必会】

A.最早完成时间　　　　　　　　B.总时差

C.自由时差　　　　　　　　　　D.间隔时间

E.最迟完成时间

25.工程网络计划中,关键线路是指(　　　)的线路。【熟悉】

A.双代号时标网络计划中无波形线

B.双代号网络计划中无虚箭线

C.双代号网络计划中由关键节点组成

D.单代号网络计划中工作自由时差均为零

E.单代号网络计划中关键工作之间时间间隔均为零

26.关于双代号网络计划中线路的说法,正确的有(　　　)。【必会】

A.非关键线路就是总持续时间最短的线路

B.一个网络图中可能有一条或多条关键线路

C.线路中各项工作持续时间之和就是该线路的长度

D.线路中各节点应从小到大连续编号

E.没有虚工作的线路称为关键线路

27.工程网络计划中，关键工作是指（   ）的工作。【熟悉】

A.最早开始时间与最迟开始时间相差最小

B.总时差最小

C.时标网络计划中无波形线

D.与紧后工作之间间隔时间为零

E.双代号网络计划中两端节点均为关键节点

28.在工程网络计划中，工作的自由时差等于其（   ）。【必会】

A.最迟完成时间与最早完成时间的差值

B.与所有紧后工作之间间隔时间的最小值

C.所有紧后工作最早开始时间的最小值减去本工作的最早完成时间

D.最迟开始时间与最早开始时间的差值

E.在不影响其紧后工作最早开始时间的前提下可以利用的机动时间

知识点睛

①双代号网络计划的基本认知、绘图规则、逻辑关系、参数计算。

②双代号时标网络计划的基本认知、参数计算。

③单代号网络计划的基本认知、绘图规则、逻辑关系、参数计算。

3.4 施工进度控制

Tips：平均考核2分。强力预测考核：2个单选。

一、单项选择题

1.施工进度监测和调整的系统过程中，属于监测过程内容的是（   ）。【必会】

A.实际进度与计划进度比较分析

B.分析进度偏差产生的原因

C.分析进度偏差对后续工作及总工期的影响

D.确定后续工作及总工期的限制条件

2. 某双代号网络计划中，工作M的自由时差为3天，总时差为5天。在进度计划实施检查中发现工作M的实际进度落后，且影响总工期2天。在其他工作均正常的前提下，工作M的实际进度落后（　　）天。【了解】

A.5　　　　　　　　　　　　　　　B.6

C.7　　　　　　　　　　　　　　　D.8

3. 最常用的实际进度与计划进度比较的方法是（　　）。【必会】

A.挣值法　　　　　　　　　　　　B.横道图比较法

C.S曲线比较法　　　　　　　　　D.前锋线比较法

4. 下列进度控制措施中，属于组织措施的是（　　）。【必会】

A.增加工作面，组织更多施工队伍

B.将现浇混凝土方案改为预制装配方案

C.提高奖金数额

D.实施强有力的调度

5. 通过缩短关键工作的持续时间来调整建设工程施工进度计划时，可采用的技术措施是（　　）。【必会】

A.组织更多施工队伍　　　　　　B.采用更先进的施工方式

C.改善外部配合条件　　　　　　D.增加每天施工时间

二、多项选择题

6. 某工程项目的双代号时标网络计划，当计划执行到第4周末及第10周末时，检查得出实际进度前锋线如下图所示，检查结果表明（　　）。【必会】

A.第4周末检查时工作B拖后1周，但不影响总工期

B.第4周末检查时工作A拖后1周，影响总工期1周

C.第10周末检查时工作I提前1周，可使总工期提前1周

D.第10周末检查时工作G拖后1周，但不影响总工期

E.在第5周到第10周内，工作F和工作I的实际进度正常

知识点睛

①实际进度与计划进度比较方法：横道图法、S曲线法、前锋线法。

②进度计划的调整方法与措施：组织措施、技术措施、经济措施、其他配套措施。

第3章　施工进度管理

第4章
施工质量管理

考情解密

本章题型主要集中在填空型、判断型、归属型选择题，记忆量大，知识点容易混淆，因此学习时应先搭建学习框架、建立学习思路，采取对比记忆等方法进行学习。

各节名称	预计分值	本章重点
施工质量影响因素及管理体系	3	（1）影响施工质量的因素。 （2）质量管理体系的建立和运行。
施工质量抽样检验和统计分析方法	4	（3）施工质量保证体系。 （4）施工质量统计分析方法。
施工质量控制	4	（5）施工质量准备的控制。 （6）施工过程的质量控制。
施工质量事故预防与调查处理	4	（7）施工质量检查验收。 （6）施工质量事故分类。
合计	15	（7）施工质量事故调查处理。

4.1 施工质量影响因素及管理体系

Tips: 平均考核3分。强力预测考核：1个单选和1个多选。

一、单项选择题

1. 建设工程的固有特性包括（   ）。【必会】

 A.实用性、安全性、经济性、可靠性

 B.实用性、安全性、美观性、先进性

 C.安全性、先进性、美观性、可靠性

 D.实用性、先进性、完整性、可靠性

2. 下列影响建设工程质量的因素中，作为工程质量控制基本出发点的因素是（   ）。【必会】

A.人   B.机械

C.材料   D.环境

3.为消除施工质量通病而采用新型脚手架应用技术的做法，属于质量影响因素中对（　　）因素的控制。【熟悉】

A.材料   B.机械

C.方法   D.环境

4.根据《质量管理体系基础和术语》，循证决策原则要求施工企业质量管理时应基于（　　）做出相关决策。【了解】

A.与相关方的关系

B.满足顾客的要求

C.功能连贯的过程组成的体系

D.数据和信息的分析和评价

5.质量管理体系文件主要由（　　）等构成。【熟悉】

A.质量目标、质量手册、质量计划、作业指导书和质量记录

B.质量手册、程序文件、质量计划、作业指导书和质量记录

C.质量方针、质量手册、程序文件、作业指导书和质量记录

D.质量手册、质量计划、质量记录、作业指导书和质量评审

6.关于企业质量管理体系认证与监督的说法，正确的是（　　）。【必会】

A.企业获准认证的有效期为4年

B.质量管理体系由相关政府主管部门认证

C.企业获准认证后每2年接受一次认证机构的监督管理

D.质量管理体系认证应按申请、检查和评定、注册发证等程序进行

7.某企业在通过质量管理体系认证后由于管理不善，认证机构对其作出了认证撤销的决定，则该企业（　　）。【了解】

A.不能重新提出认证申请

B.在2年后可以重新提出认证申请

C.可以提出申诉，并可在半年后重新提出认证申请

D.可以提出申诉，并可在1年后重新提出认证申请

8.施工质量保证体系中，确定质量目标的基本依据是（　　）。【熟悉】

A.质量方针   B.工程承包合同

C.质量计划   D.设计文件

二、多项选择题

9. 下列工程质量的影响因素中，属于质量管理环境因素的有（　　　）。【必会】

     A.质量管理制度   B.质量评价标准

     C.质量检查制度   D.质量监控制度

     E.周边建筑物

10. 施工企业质量管理体系策划与设计阶段需要进行的工作有（　　　）。【必会】

     A.进行教育培训   B.编制质量手册

     C.调整组织结构   D.制订质量目标

     E.提出质量管理体系认证申请

11. 质量管理体系认证的程序包括（　　　）。【必会】

     A.认证申请   B.检查和评定

     C.审批   D.内部审核

     E.注册发证

12. 施工质量保证体系中，属于工作保证体系内容的有（　　　）。【必会】

     A.明确工作任务   B.编制质量计划

     C.成立质量管理小组   D.分解质量目标

     E.建立工作制度

知识点睛

①影响工程质量因素，区分人、材料、机械、方法、环境。

②企业质量管理体系的建立和运行，七原则、体系文件、认证与监督。

③项目施工质量保证体系的作用、内容。

4.2　施工质量抽样检验和统计分析方法

Tips：平均考核 4 分。强力预测考核：2 个单选和 1 个多选。

一、单项选择题

1. 关于全数检验和抽样检验的说法，正确的是（　　）。【必会】

　A.只有全数检验在时间上不允许时，才采用抽样检验

　B.只有全数检验在经济上不允许时，才采用抽样检验

　C.能够进行全数检验的，就不要采用抽样检验

　D.破坏性检验，不能采用全数检验

2. 采用控制图法分析工程质量状况时，为了计算上下控制界限，通常需连续抽取（　　）组样本数据。【了解】

　A.20～25　　　　　　　　　　　　B.5～10

　C.10～15　　　　　　　　　　　　D.15～20

3. 某工程承包商从一个生产厂家购买了一批相同规格的预制构件，并将其整齐码放在现场。对这批构件进行进场检验时，宜采用的抽样方法是（　　）。【必会】

　A.简单随机抽样　　　　　　　　　B.分层随机抽样

　C.系统随机抽样　　　　　　　　　D.整群随机抽样

4. 工程质量统计分析中，最基本的一种方法是（　　）。【必会】

　A.分层法　　　　　　　　　　　　B.排列图法

　C.直方图法　　　　　　　　　　　D.控制图法

5. 在应用因果分析图确定质量问题的原因时，正确做法是（　　）。【必会】

　A.不同类型质量问题可以共同使用一张图分析

　B.为避免干扰，只能由QC小组成员独立进行分析

　C.由QC小组组长最终确定分析结果

　D.通常选出1～5项作为最主要原因

6. 最能形象、直观、定量反映影响质量主次因素的施工质量统计分析方法是（　　）。【了解】

　A.相关图法　　　　B.直方图法　　　　C.控制图法　　　　D.排列图法

7. 采用直方图法分析工程质量状况时，进行数据分组时组距确定不当，可能会形成（　　）直方图。【熟悉】

A. 折齿型

B. 孤岛型

C. 双峰型

D. 陡壁型

8. 下列直方图中，表明生产过程处于正常、稳定状态的是（　　）。【必会】

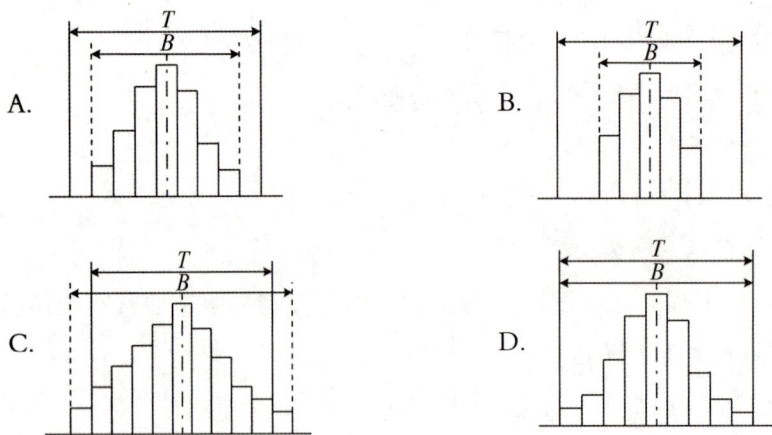

A.

B.

C.

D.

二、多项选择题

9. 施工质量抽样检验工作中，与计量抽样检验相比，计数抽样检验的优点有（　　）。【必会】

A. 所需样本量较小

B. 样本信息利用充分

C. 使用简便

D. 运用范围广泛

E. 检验结果可信度高

10. 工程质量统计分析中，应用控制图分析判断生产过程是否处于稳定状态时，可判断生产过程为异常的情形有（　　）。【必会】

A. 点子几乎全部落在控制界线内

B. 中心线同一侧出现7点链

C. 中心线两侧有5点连续上升

D. 点子排列显示周期性变化

E. 连续11点中有10点在中心线同一侧

知识点睛

①施工质量抽样检验方法的分类：简单随机抽样、系统随机抽样、分层随机抽样、分级随机抽样、整群随机抽样、一次抽样检验、二次抽样检验。

②区分施工质量统计分析方法：分层法、调查表法、因果分析图法、排列图法、相关图法、直方图法、控制图法。

4.3 施工质量控制

Tips: 平均考核4分。强力预测考核：2个单选和1个多选。

一、单项选择题

1.下列质量控制活动中，属于事中质量控制的是（　　）。【必会】

A.设置质量控制点 B.进行施工现场准备

C.评价质量活动结果 D.监督工序质量

2.下列施工准备质量控制的工作中，属于技术准备的是（　　）。【必会】

A.复核原始坐标 B.编制施工组织设计

C.规划施工场地 D.布置施工机械

3.工程实施中，凡运进施工现场的原材料半成品或构配件，必须附有的文件是（　　）。【熟悉】

A.产品合格证及技术说明书 B.质量保证书及技术说明书

C.产品合格证及采购合同 D.质量保证书及采购合同

4.在施工承包单位内部，施工方案应由（　　）审批。【必会】

A.企业技术负责人 B.项目经理

C.项目技术负责人 D.企业技术部门负责人

5.项目开工前的技术交底书应由施工项目技术人员编制，经（　　）批准实施。【熟悉】

A.项目经理 B.项目技术负责人

C.总监理工程师 D.专业监理工程师

6. 为保证工程质量满足设计需求和合同约定需要进行必要的技术复核工作。下列工作内容中属于技术复核工作的是（　　）。【熟悉】

　　A.施工方案论证

　　B.施工设备验收

　　C.施工图纸会审

　　D.建筑材料检测

7. 关于建设工程项目施工质量验收的说法，正确的是（　　）。【熟悉】

　　A.分项工程、分部工程应由专业监理工程师组织验收

　　B.分部工程的质量验收在分项工程验收的基础上进行

　　C.分项工程是工程验收的最小单元

　　D.分部工程所含全部分项工程质量验收合格，即可认为该分部工程验收合格

8. 如果分部工程质量不符合要求，经过加固处理后外形尺寸改变，但能满足安全使用要求，其处理方法是（　　）。【必会】

　　A.虽有质量缺陷，应予以验收

　　B.仍按验收不合格处理

　　C.先返工处理，重新进行验收

　　D.按技术处理方案和协商文件进行验收

二、多项选择题

9. 施工中对进场水泥质量的重点控制内容包括（　　）。【了解】

　　A.出厂合格证核对　　　　　　　　　B.水灰比复验

　　C.强度复验　　　　　　　　　　　　D.坍落度试验

　　E.安定性复验

10. 施工过程质量控制中，作业技术活动结果控制的主要内容包括（　　）。【熟悉】

　　A.工程变更控制　　　　　　　　　　B.工序质量检验

　　C.单位工程验收　　　　　　　　　　D.隐蔽工程验收

　　E.工序交接验收

4.4 施工质量事故预防与调查处理

> Tips：平均考核4分。强力预测考核：2个单选和1个多选。

一、单项选择题

1.施工质量事故等级划分正确的是（　　）。【必会】

　A.特别重大事故、重大事故、较大事故、一般事故四个等级

　B.特别重大事故、重大事故、一般事故三个等级

　C.重大事故、较大事故、较小事故三个等级

　D.特别重大事故、重大事故、一般事故、较小事故四个等级

2.某工程施工中发生的质量事故，导致了3人死亡，直接经济损失5000万元，则该事故等级应界定为（　　）。【必会】

　A.一般事故　　　　　　　　　　　　B.重大事故

　C.较大事故　　　　　　　　　　　　D.特别重大事故

3.施工质量事故处理过程中，确定质量事故的处理是否达到预期目的、是否仍留有隐患，属于（　　）环节工作。【必会】

　A.事故调查　　　　　　　　　　　　B.事故处理的鉴定验收

　C.事故原因分析　　　　　　　　　　D.事故处理技术方案确定

4.地下情况不清，天然地基不均匀沉降，结构失稳而导致质量事故的，归结的主要原因是（　　）。【必会】

　A.施工失误　　　　　　　　　　　　B.设计失误

　C.不可抗力　　　　　　　　　　　　D.勘察失误

5. 质量事故的上报要求中，一般事故须逐级上报至（　　）人民政府住房和城乡建设主管部门。【了解】

A.县级　　　　　　　　B.市级　　　　　　　　C.省级　　　　　　　　D.国务院

6. 根据质量事故处理的一般程序，经事故调查后，下一步应进行的工作是（　　）。【必会】

A.事故处理

B.事故报告

C.事故处理的鉴定验收

D.提交处理报告

7. 住房和城乡建设主管部门逐级上报质量事故时，每级上报时间不得超过（　　）小时。【必会】

A.2

B.1

C.24

D.12

8. 当工程质量缺陷经加固、返工处理后仍无法保证达到规定的安全要求，但没有完全丧失使用功能时，适宜采用的处理方法是（　　）。【必会】

A.不做处理

B.报废处理

C.返修处理

D.限制使用

9. 下列工程质量问题中，可不做专门处理的是（　　）。【必会】

A.28天的混凝土实际强度不到规定强度的32%

B.某防洪堤坝填筑压实后，压实土的干密度未达到规定值

C.某检验批混凝土试块强度不满足规范要求，但混凝土实体强度检测后满足设计要求

D.某工程主体结构混凝土表面裂缝大于0.5 mm

二、多项选择题

10. 下列措施中，属于施工质量事故预防措施的有（　　）。【熟悉】

A.坚持按工程建设程序办事

B.做好必要的技术复核和技术核定工作

C.及时做好质量事故的处理工作

D.加强施工安全与环境管理

E.加强质量培训教育，提高全员质量意识

11.导致工程质量事故的原因中，属于技术原因的有（　　）。【必会】

　　A.地质勘察水文情况判断错误

　　B.质量管理措施不力

　　C.结构、设计方案不合理

　　D.检测设备管理不善

　　E.采用不合格工艺或方法

12.下列施工质量事故发生的原因中，属于施工与管理失控的有（　　）。【必会】

　　A.边勘察、边设计、边施工

　　B.违反相关规范施工

　　C.勘察报告不准、不细

　　D.施工方案考虑不周

　　E.不按图施工，擅自修改设计

13.施工质量事故调查报告的主要内容包括（　　）。【必会】

　　A.事故发生单位概况

　　B.事故发生经过和事故救援情况

　　C.事故处理结论

　　D.事故处理方案

　　E.事故责任的认定和事故责任者的处理建议

> **知识点睛**
>
> 　　①掌握质量事故的分类，按造成后果、按责任、按损失程度、按原因进行分类。
>
> 　　②施工质量事故调查处理的基本要求、依据、程序。

第5章
施工成本管理

本章涉及计算题，其中机械台班产量计算、挣值法、因素分析法的计算题目，属本课程的难点，应在理解的基础上反复做题进行练习。

各节名称	预计分值	本章重点
施工成本影响因素及管理流程	2	（1）成本的分类及管理流程。
施工定额的作用及编制方法	4	（2）建设工程定额的分类及人工、材料、机械消耗定额的编制。
施工成本计划	3	（3）施工成本计划的分类及编制方法。
施工成本控制	3	（4）施工成本控制方法。
施工成本分析与管理绩效考核	4	（5）挣值法的计算。 （6）施工成本分析的方法。
合计	16	（7）施工成本管理绩效考核方法。

5.1 施工成本影响因素及管理流程

Tips: 平均考核2分。强力预测考核：1个单选和1个多选。

一、单项选择题

1.按性态不同，施工成本可分为固定成本和变动成本，下列属于固定成本的是（   ）。【必会】

A.计件工资

B.材料费

C.施工机械使用费

D.管理人员工资

2.将施工成本分解为人工费、材料费、施工机具使用费等编制成本计划所采用的方法是（   ）。【必会】

A.按项目成本组成编制法

B.按项目结构编制法

C.按项目实施阶段编制法

D.按项目实施进度编制法

二、多项选择题

3. 下列建设工程项目施工成本中，属于直接成本的有（　　）。【必会】

    A.人工费　　　　　　　　　　　B.材料费

    C.管理人员工资　　　　　　　　D.机械费

    E.措施费

4. 按施工成本要素构成划分，施工成本可以分为（　　）。【了解】

    A.工期成本　　　　　　　　　　B.信息成本

    C.质量成本　　　　　　　　　　D.安全成本

    E.绿色成本

5. 质量成本可分为控制成本和损失成本两部分，以下属于损失成本的有（　　）。【必会】

    A.新工艺鉴定费　　　　　　　　B.工程保修费

    C.损失赔偿费　　　　　　　　　D.质量培训费

    E.质量事故处理费用

知识点睛

①熟悉施工成本的概念、影响因素、分类。

②掌握施工成本管理的流程：计划、控制、分析、考核。

5.2　施工定额的作用及编制方法

Tips：平均考核4分。强力预测考核：2个单选和1个多选。

一、单项选择题

1. 采用工作日写实法记录施工过程中各工序的工时消耗数据并进行分析，进而编制人工定额的方法属于（　　）。【必会】

    A.统计分析法　　　B.比较类推法　　　C.技术测定法　　　D.经验估计法

2. 下列施工机械工作时间中, 属于消耗定额中必需消耗时间的是（   ）。【必会】

A.与工艺特点有关的不可避免的中断工作时间

B.施工组织不善造成机械低效率的工作时间

C.工人的错误操作造成机械低负荷的工作时间

D.因特殊气候造成机械被迫降低负荷的工作时间

3. 编制材料消耗定额时, 材料消耗量包括直接使用在工程上的材料净用量和（   ）。【必会】

A.在施工现场内运输及保管过程中不可避免的损耗

B.从供应地运输到施工现场及操作过程中不可避免的废料和损耗

C.在施工现场内运输及操作过程中不可避免的废料和损耗

D.从供应地运输到施工现场过程中不可避免的损耗

4. 以施工过程或基本工序作为研究对象所编制的定额是（   ）。【熟悉】

A.预算定额　　　　　B.施工定额　　　　　C.概算定额　　　　　D.费用定额

5. 编制施工机械台班使用定额时, 可计入不可避免的无负荷工作时间的是（   ）。【必会】

A.工人没有及时供料而使机械空运转的时间

B.汽车运输重量轻而体积大的货物时, 不能充分利用汽车的载重吨位因而不得不降低其计算负荷

C.筑路机在工作区末端调头

D.将灰浆泵由一个工作地点转移至另一工作地点时的工作中断

6. 某出料容量0.5 m³的混凝土搅拌机, 每一次循环中, 装料、搅拌、卸料、中断需要的时间分别为1、3、1、1分钟, 机械利用系数为0.8, 则该搅拌机的台班产量定额是（   ）m³/台班。【熟悉】

A.32　　　　　B.36　　　　　C.40　　　　　D.50

7. 下列施工机械产量定额和时间定额的关系表达式中, 正确的是（   ）。【必会】

A.机械产量定额×机械时间定额×工作小组人数＝1

B.机械产量定额＝2/机械时间定额

C.机械产量定额＝1/机械时间定额

D.机械产量定额＋机械时间定额＝1

二、多项选择题

8. 按生产要素内容分类，建设工程定额可以分为（   ）。【必会】

A.建筑工程定额　　　　　　　　B.人工定额

C.设备安装工程定额　　　　　　D.材料消耗定额

E.施工机械台班使用定额

9. 编制砌筑工程的人工定额时，应计入时间定额的有（   ）。【必会】

A.领取工具和材料的时间

B.制备砂浆的时间

C.修补前一天砌筑工作缺陷的时间

D.结束工作时清理和返还工具的时间

E.闲聊和打电话的时间

10. 编制人工定额时，必须消耗的时间里面又分为工序作业时间和规范时间，下列选项中属于工序作业时间的有（   ）。【必会】

A.准备与结束工作时间　　　　　B.基本工作时间

C.辅助工作时间　　　　　　　　D.不可避免的中断时间

E.休息时间

11. 企业编制人工定额时，应拟定正常的施工作业条件一般包括（   ）。【必会】

A.拟定施工作业的材料来源　　　B.拟定施工作业地点的组织

C.拟定施工作业的方法　　　　　D.拟定施工作业人员的组织

E.拟定施工作业的时间

12. 采用技术测定法编制人工定额时，测定各工序工时消耗的方法有（   ）。【必会】

A.理论计算法　　　　　　　　　B.统计分析法

C.测时法　　　　　　　　　　　D.写实记录法

E.工作日写实法

13. 以下材料中，属于周转性材料的是（   ）。【必会】

A.钢筋　　　　　　　　　　　　B.混凝土

C.模板　　　　　　　　　　　　D.脚手架

E.钢钉

14. 影响建设工程周转性材料消耗的因素有（   ）。【必会】

    A.第一次制造时的材料消耗

    B.施工工艺流程

    C.每周转使用一次时的材料损耗

    D.周转使用次数

    E.周转材料的最终回收和回收折价

15. 下列机械消耗时间中，属于施工机械时间定额组成的有（   ）。【必会】

    A.低负荷下工作时间

    B.机械故障的维修时间

    C.正常负荷下的工作时间

    D.不可避免的无负荷工作时间

    E.有根据地降低负荷下的工作时间

知识点睛

①施工定额的概念、作用和分类。

②人工定额、材料定额、机械定额的组成、编制方法、形式、应用。

5.3 施工成本计划

Tips： 平均考核3分。强力预测考核：1个单选和1个多选。

一、单项选择题

1. 关于竞争性成本计划、指导性成本计划和实施性成本计划三者区别的说法，正确的是（   ）。【必会】

    A.竞争性成本计划是项目投标和签订合同阶段的估算成本计划，比较粗略

    B.指导性成本计划是项目施工准备阶段的施工预算成本计划，比较详细

    C.实施性成本计划是选派项目经理阶段的预算成本计划

    D.指导性成本计划是以项目实施方案为依据编制的

2.施工成本计划的编制以成本预测为基础，关键是确定（　　　）。【必会】

　　A.预算成本　　　　　　　　　　　B.目标成本

　　C.固定成本　　　　　　　　　　　D.实际成本

3.某工程按月编制的成本计划如下图所示，若6月、8月实际成本分别为1000万元和700万元，其余月份的实际成本与计划成本均相同，关于该工程施工成本的说法，正确的是（　　　）。【必会】

　　A.第6月末计划成本累计值为3100万元

　　B.第8月末计划成本累计值为4500万元

　　C.第6月末实际成本累计值为3000万元

　　D.第8月末实际成本累计值为4600万元

4.绘制时间-成本累积曲线的步骤中，紧接"计算规定时间t计划累计支出的成本额"之后的工作是（　　　）。【熟悉】

　　A.在时标网络图上，按时间编制成本支出计划

　　B.编制工程项目施工进度时标网络计划

　　C.绘制S形曲线

　　D.计算单位时间的成本

5.关于施工企业指导性成本计划的说法，正确的是（　　　）。【必会】

　　A.以合同价为依据，按照企业定额标准制定的施工成本计划

　　B.是在施工投标及签订合同阶段的估算成本计划

　　C.是在工程项目施工准备阶段，以项目实施方案为依据编制的成本计划

　　D.以落实项目经理责任目标为出发点，根据施工定额编制的成本计划

二、多项选择题

6.下列项目施工成本管理资料中，可以作为编制施工成本计划依据的有（　　　）。【熟悉】

A.合同文件　　　　　　　　　　B.预算定额

C.资源市场价格信息　　　　　　D.设计文件

E.项目管理规划大纲

7.施工项目管理机构可按（　　）编制施工成本计划。【熟悉】

A.合同计价方式　　　　　　　　B.成本组成

C.项目结构　　　　　　　　　　D.工程实施阶段

E.资金来源

知识点睛

①施工成本计划类型和依据，**竞争性**成本计划、**指导性**成本计划、**实施性**成本计划。

②施工成本计划的编制方法，按**成本组成**、按**项目结构**、按**工程实施阶段**。

5.4　施工成本控制

> Tips：平均考核 3 分。强力预测考核：1个单选和1个多选。

一、单项选择题

1.关于施工成本控制程序的说法，正确的是（　　）。【必会】

A.管理行为控制程序是成本全过程控制的重点

B.指标控制程序是对成本进行过程控制的基础

C.管理行为控制程序和指标控制程序在实施过程中既相互补充又相互制约

D.管理行为控制程序是项目施工成本结果控制的主要内容

2.采用挣值法进行施工成本动态监控时，若CPI<1，则表示（　　）。【必会】

A.实际费用节约 B.用实际进度延后

C.实际费用超支 D.实际进度提前

3.某项目地面铺贴的清单工程量为1000 m²，预算费用单价为60元/m²，计划每天施工100 m²。第6天检查时发现实际完成800 m²，实际费用为5万元。根据上述情况，预计项目完工时的费用偏差（ACV）是（　　　）元。【了解】

A.2500 B.2000

C.−2500 D.−2000

二、多项选择题

4.根据施工成本的过程控制方法，其控制要点有（　　　）。【必会】

A.材料费的控制实行量价分离的方法

B.加快自有建筑工人队伍建设

C.材料价格由项目经理负责控制

D.做好施工机械配件的采购计划

E.做好施工分包费用的控制

5.挣值法评价指标中，适用于不同项目之间偏差分析的有（　　　）。【必会】

A.费用偏差 B.进度偏差

C.综合效益指数 D.费用绩效指数

E.进度绩效指数

6.某工程主要工作是混凝土浇筑，中标的综合单价是400元/m³，计划工程量是8000 m³。施工过程中因原材料价格提高使实际单价为500元/m³，实际完成并经监理工程师确认的工程量是9000 m³。若采用挣值法进行综合分析，则正确的结论有（　　　）。【必会】

A.已完工程预算费用为360万元

B.费用偏差为90万元，费用节省

C.进度偏差为40万元，进度拖延

D.已完实际费用为450万元

E.拟完工程预算费用为320万元

7.关于挣值法及相关评价指标的说法，正确的有（　　　）。【必会】

　　A.进度偏差为负值时，表示实际进度快于计划进度

　　B.挣值法可定量判断进度、费用的执行效果

　　C.费用（进度）偏差适用于在同一项目和不同项目比较中采用

　　D.理想状态是已完工程实际费用、拟完工程预算费用和已完工程预算费用三条曲线靠得很近并平稳上升

　　E.采用挣值法可以克服进度、费用分开控制的缺点

8.下列施工成本管理的措施中，属于组织措施的有（　　　）。【必会】

　　A.编制成本管理工作计划　　　　　　B.确定成本管理工作流程

　　C.做好资金使用计划　　　　　　　　D.落实各级成本管理人员的职责

　　E.实行项目经理责任制

9.下列施工成本管理措施中，属于经济措施的有（　　　）。【必会】

　　A.及时落实业主签证　　　　　　　　B.通过偏差分析找出成本超支潜在问题

　　C.使用添加剂降低水泥消耗　　　　　D.选用合适的合同结构

　　E.采用新材料降低成本

知识点睛

　　①管理行为控制程序和指标控制程序两类控制程序的关系。

　　②施工成本控制方法，重点掌握人工、材料、机械、分包费的控制；挣值法；偏差分析的方法；成本管理的措施。

5.5　施工成本分析与管理绩效考核

Tips：平均考核4分。强力预测考核：2个单选和1个多选。

一、单项选择题

1.关于施工成本分析依据的说法，正确的是（　　　）。【必会】

　　A.统计核算可以用货币计算

B.业务核算主要是价值核算

C.统计核算的计量尺度比会计核算窄

D.会计核算可以对尚未发生的经济活动进行核算

2. 下列施工成本分析依据中，属于既可对已发生的，又可对尚未发生或正在发生的经济活动进行核算的是（　　　）。【必会】

　A.会计核算　　　　　　　　　　　　B.业务核算

　C.统计核算　　　　　　　　　　　　D.成本预测

3. 下列项目成本分析所依据的资料中，可以计算项目当前实际成本，并可以确定变动速度和预测成本发展趋势的是（　　　）。【必会】

　A.统计核算　　　　　　　　　　　　B.表格核算

　C.会计核算　　　　　　　　　　　　D.业务核算

4. 施工成本分析的主要工作有：①收集成本信息；②选择成本分析方法；③分析成本形成原因；④进行成本数据处理；⑤确定成本结果。正确的步骤是（　　　）。【必会】

　A.①-②-④-⑤-③

　B.②-①-④-③-⑤

　C.②-③-①-⑤-④

　D.①-③-②-④-⑤

5. 施工成本分析的基本方法中，把两个以上对比指标的数值变成相对数，观察其相互之间关系的分析方法是（　　　）。【必会】

　A.比较法　　　　　　　　　　　　　B.因素分析法

　C.比率法　　　　　　　　　　　　　D.差额计算法

6. 在施工项目成本因素分析法中，应遵循的影响因素排序规则是（　　　）。【熟悉】

　A.先价值量，后实物量；先绝对值，后相对值

　B.先实物量，后价值量；先相对值，后绝对值

　C.先价值量，后实物量；先相对值，后绝对值

　D.先实物量，后价值量；先绝对值，后相对值

7. 某单位产品1月份成本相关参数如下表所示。用因素分析法计算，单位产品人工消耗量变动对成本的影响是（　　　）元。【熟悉】

第 5 章　施工成本管理

项　目	单　位	计划值	实际值
产品产量	件	180	200
单位产品人工消耗量	工日/件	12	11
人工单价	元/工日	100	110

A.-20000　　　　B.-18000　　　　C.-19800　　　　D.-22000

8. 施工项目成本分析时，可用于分析某项成本指标发展方向和发展速度的方法是（　　）。【必会】

A.环比指数法　　　　　　　　B.构成比率法

C.因素分析法　　　　　　　　D.差额计算法

9. 通过计算材料成本及其占总成本的比重以判定材料成本的合理性，该成本分析方法是（　　）。【了解】

A.相关比率法　　　　　　　　B.指标对比分析法

C.动态比率法　　　　　　　　D.构成比率法

10. 某施工项目的成本指标如下表所示，利用动态比率法进行成本分析时，第四季度的基期指数（%）是（　　）。【必会】

指　标	第一季度	第二季度	第三季度	第四季度
降低成本/万元	45.60	47.80	52.50	64.30

A.109.83　　　　　　　　　　B.115.13

C.122.48　　　　　　　　　　D.141.01

11. 某工程各门窗安装班组的相关经济指标如下表所示，按照成本分析的比率法，人均效益最好的班组是（　　）。【必会】

项　目	班组甲	班组乙	班组丙	班组丁
工程量/m²	5400	5000	4800	5200
班组人数/人	50	45	42	43
班组人工费/元	150000	126000	147000	129000

A.甲　　　　B.乙　　　　C.丙　　　　D.丁

12. 施工项目成本分析的基础是（　　）。【必会】

A.分部分项工程成本分析　　　　B.单位工程成本分析

C.月度成本分析　　　　　　　　D.单项工程成本分析

13.关于分部分项工程成本分析的说法，正确的是（　　）。【必会】

A.分部分项工程成本分析的对象是已完成分部分项工程

B.施工项目成本分析是分部分项工程成本分析的基础

C.分部分项工程成本分析的资料来源是施工预算

D.分部分项工程成本分析的方法是进行预算成本与实际成本的"两算"对比

14.某工程项目进行月（季）度成本分析时，发现属于预算定额规定的"政策性"亏损，则应采取的措施是（　　）。【必会】

A.从控制支出着手，把超支额压缩到最低限度

B.增加变更收入，弥补政策亏损

C.将亏损成本转入下一月（季）度

D.停止施工生产，并报告业主方

15.施工项目年度成本分析的内容，除了月（季）度成本分析的六个方面之外，重点是（　　）。【必会】

A.针对下一年度施工进展情况，制定切实可行的成本管理措施

B.通过对技术组织措施执行效果的分析，寻求更加有效的节约途径

C.通过实际成本与计划成本的对比，分析成本降低水平

D.通过实际成本与目标成本的对比，分析目标成本控制措施落实情况

16.关于施工企业年度成本分析的说法，正确的是（　　）。【必会】

A.分析的依据是年度成本报表

B.一般一年结算一次，可将本年度成本转入下一年

C.分析应以本年度开工建设的项目为对象，不含以前年度开工的项目

D.分析应以本年度竣工验收的项目为对象，不含本年度未完工的项目

17.施工成本分析时，对比技术经济指标，检查成本目标完成情况，分析产生差异的原因，进而挖掘降低成本的方法是（　　）。【必会】

A.比率法 　　　　　　　　　　B.因素分析法

C.比较法 　　　　　　　　　　D.差额计算法

18.关于施工项目材料费分析的说法，正确的是（　　）。【必会】

A.运距长短对于材料费没有直接影响

B.材料费分析中不应考虑材料的保管费

C.材料单价、材料储备天数和日平均用量均影响储备资金占用量

D.租赁周转材料的时间越长，租赁费支出越少

19. 施工企业的项目成本考核指标主要是（　　　）。【必会】

A.项目全员劳动生产率和人均劳动生产率

B.责任目标成本降低率和责任目标成本降低额

C.项目施工成本支出率

D.项目施工成本降低额和项目施工成本降低率

20. 下列施工成本管理绩效考核内容中，属于项目部对各班组考核内容的是（　　　）。

【必会】

A.岗位成本管理责任的执行情况

B.班组任务单的管理情况

C.班组完成施工任务后的考核情况

D.班组责任成本的完成情况

21. 施工成本管理绩效考核方法有很多种，适用于需要定性化考核的企业的方法是

（　　　）。【必会】

A.PDCA管理循环法
B.360° 反馈法

C.平衡积分卡
D.关键绩效指标

二、多项选择题

22. 施工项目成本分析的内容有（　　　）。【必会】

A.时间节点成本分析
B.工作任务分解单元成本分析

C.成本责任者的目标成本分析
D.单项指标成本分析

E.综合项目成本分析

23. 施工成本分析可采用的基本方法有（　　　）。【必会】

A.专家意见法
B.比较法

C.比率法
D.因素分析法

E.差额计算法

24. 关于分部分项工程成本分析的说法，正确的有（　　　）。【必会】

A.以年度成本报表为依据,分析累计成本降低水平

B.进行"三算"对比,计算实际偏差和目标偏差,分析偏差产生原因

C.分析采用的实际成本来自施工任务单的实际工程量和实耗量

D.通过主要分部分项工程成本的系统分析,可基本了解项目成本形成全过程

E.分析采用的预算成本来自施工预算,目标成本来自投标报价

25.下列成本分析工作中,属于综合成本分析的有(　　　)。【必会】

A.年度成本分析　　　　　　　　　B.工期成本分析

C.资金成本分析　　　　　　　　　D.月度成本分析

E.分部分项工程成本分析

26.单位工程竣工成本分析的内容包括(　　　)。【必会】

A.竣工成本分析

B.专项成本分析

C.成本总量构成比例分析

D.主要资源节超对比分析

E.主要技术节约措施及经济效果分析

知识点睛

①熟练掌握**会计**核算、**业务**核算、**统计**核算的区别。

②施工成本分析的方法,**基本方法**、**综合成本的分析方法**、成本项目的分析方法。

③施工成本管理绩效考核的**内容**、**指标**、**方法**。

第6章 施工安全管理

考情解密

本章主要集中在填空型、判断型、归属型选择题，本章学习应着重于记忆与理解，通过反复练习题目来找到复习思路与方法。

各节名称	预计分值	本章重点
职业健康安全管理体系	2	（1）职业健康安全与环境管理的要求。
施工生产危险源与安全管理制度	4	（2）安全生产管理制度。
专项施工方案及施工安全技术管理	4	（3）专项施工方案的编制审批。
施工安全事故应急预案和调查处理	3	（4）施工安全技术措施及安全技术交底。
合计	13	（5）安全生产事故应急预案的构成与管理。（6）安全事故的分类与处理。

6.1 职业健康安全管理体系

> **Tips：** 平均考核2分。强力预测考核：2个单选。

单项选择题

1.关于《职业健康安全管理体系要求及使用指南》的说法，正确的是（　　　）。

【必会】

A.该标准的实施强调强制性原则

B.适用于特定规模的组织

C.是一个独立的系统，不与其他管理体系兼容

D.强调预防为主和持续改进

2.在建立职业健康安全管理体系时，进行初始状态评审的主要目的是（　　　）。

【熟悉】

A.测试组织建立的职业健康安全管理体系可行性并查找其存在的问题

B.测试职业健康安全管理体系运行后可能取得的绩效

C.了解组织的安全风险并评估建立职业健康安全管理体系的必要性

D.了解组织的职业健康安全及其管理现状并评价其与标准要求的符合性

3.根据职业健康安全管理体系标准，组织内部具体负责职业健康安全管理体系日常工作的人员是（　　）。【必会】

A.该组织的最高管理者　　　　　　　　B.该组织任命的管理者代表

C.该组织任命的项目负责人　　　　　　D.该组织的技术负责人

4.为便于获得支持和所需资源，施工企业建立职业健康安全管理体系时需要进行的工作是（　　）。【了解】

A.成立工作组　　　　　　　　　　　　B.制定管理方案

C.开展初始状态评审　　　　　　　　　D.领导决策和承诺

5.某施工企业拟建立职业健康安全管理体系，在初始状态评审后，紧接着应进行的工作是（　　）。【必会】

A.成立工作小组　　　　　　　　　　　B.体系策划和设计

C.体系文件编写　　　　　　　　　　　D.领导决策和承诺

知识点睛

①职业健康安全管理体系标准的特点及PDCA循环。

②职业健康安全管理体系的建立步骤和运行步骤。

6.2　施工生产危险源与安全管理制度

Tips：平均考核 4 分。强力预测考核：2 个单选和 1 个多选。

一、单项选择题

1.下列施工现场危险源中，属于第一类危险源的是（　　）。【必会】

A.行驶中的车辆　　　　　　　　　　　B.工人违规进入危险区域

C.维修管理不当导致安全装置失效　　　D.作业空间的安全距离不够

2. 下列风险控制的方法中，属于第一类危险源控制的是（　　）。【必会】

 A.提高各类设施的可靠性   B.约束或限制能量

 C.设置安全监控系统   D.加强员工的安全意识教育

3. 凡在坠落高度基准面（　　）m及以上的高处作业面，都存在可能发生高处坠落事故的危险源。【了解】

 A.1   B.2   C.3   D.5

4. 企业所有安全生产管理制度的核心是（　　）。【必会】

 A.安全生产费用管理和使用制度 B.安全生产许可制度

 C.安全生产教育培训制度   D.全员安全生产责任制

5. 本单位安全生产的第一负责人是（　　）。【必会】

 A.项目经理   B.企业主要负责人

 C.项目技术负责人   D.总监理工程师

6. 建设工程施工企业以建筑安装工程造价为依据，于月末按工程进度计算提取企业安全生产费用。关于提取标准的描述，正确的是（　　）。【必会】

 A.矿山工程3%

 B.铁路工程、房屋建筑工程、城市轨道交通工程2.5%

 C.水利水电工程、电力工程2%

 D.市政公用工程、港口与航道工程、公路工程1.5%

7. 关于提取企业安全生产费用的说法，不正确的是（　　）。【必会】

 A.企业安全生产费用出现赤字的，应当于年末补提企业安全生产费用

 B.企业安全生产费用月初结余达到上一年应计提金额3倍及以上的，自下个月开始暂停提取企业安全生产费用

 C.企业按规定标准连续2年补提安全生产费用的，可以按照最近一年补提数提高提取标准

 D.企业安全生产费用年度结余资金结转下年度使用

8. 企业主要负责人和安全生产管理人员初次安全培训时间不得少于（　　）学时。【熟悉】

 A.12   B.24   C.32   D.36

9. 下列施工企业新员工上岗前安全教育内容中，属于班组级安全教育内容的是（　　）。【必会】

A.从业人员安全生产权利和义务

B.岗位之间工作衔接配合的安全与职业卫生事项

C.本项目安全生产状况及规章制度

D.工作环境及危险因素

10. 根据《安全生产许可证条例》，关于施工企业安全生产许可证的说法，正确的是（　　）。【必会】

A.有效期为2年

B.要求企业获得职业健康安全管理体系认证

C.有效期届满时经同意可以不再审查

D.应在期满后3个月内办理延期手续

11. 辨识危险源时，从一个可能的事故开始，自下而上，层层地寻找顶事件的直接原因事件和间接原因事件，直至基本原因事件，并用逻辑图表达事件之间的逻辑关系。这种分析方法是（　　）。【必会】

A.LEC评价法　　　　　　　　　　　B.预先危险性分析法

C.事故树分析法　　　　　　　　　　D.安全检查表法

12. 关于安全生产检查的说法，正确的是（　　）。【熟悉】

A.工程项目部每周应结合施工动态，实行安全巡查

B.安全检查的类型应包括日常巡查、专项检查、季节性检查、定期检查、不定期抽查等

C.施工企业每天应对工程项目施工现场安全生产情况至少进行一次检查

D.总承包工程项目部应组织各分包单位每月进行安全检查

二、多项选择题

13. 常见的危险源辨识与评价方法包括（　　）。【了解】

A.安全检查表法　　　　　　　　　　B.预先危险性分析法

C.因素分析法　　　　　　　　　　　D.事故树分析法

E.因果分析图法

第6章　施工安全管理

14. 下列内容中，属于安全生产管理机构及安全生产管理人员的法定职责的有（　　　）。【必会】

A.组织或者参与拟定本单位安全生产规章制度

B.制止和纠正违章指挥、强令冒险作业、违反操作规程的行为

C.督促落实本单位安全生产整改措施

D.组织或者参与本单位应急救援演练

E.组织制订并实施本单位的生产安全事故应急救援预案

15. 根据安全生产费用管理相关规定，施工企业安全生产费用的用途有（　　　）。【必会】

A.完善施工现场临时用电系统支出　　B.专职安全生产管理人员薪酬

C.从业人员报告事故隐患的奖励　　D.特种设备检测检验支出

E.特种作业人员补贴

知识点睛

①施工生产危险源的分类及其控制方法，第一类危险源和第二类危险源的区分。

②施工安全管理制度，全员安全生产责任制、安全生产费用提取使用制度、安全教育培训制度等。

6.3　专项施工方案及施工安全技术管理

Tips：平均考核 4 分。强力预测考核：2 个单选和 1 个多选。

一、单项选择题

1. 超过一定规模的危险性较大的分部分项工程专项施工方案经专家论证后结论为"修改后通过"的，施工单位正确的做法是（　　　）。【熟悉】

A.参考专家意见自行修改完善

B.修改后应按照规定的要求重新组织专家论证

C.应按照专家意见进行修改，修改情况应及时告知专家

D.重新编制专项施工方案并组织专家论证

2. 专项施工方案专家论证的主要内容不包括（　　　）。【必会】

A.专项施工方案内容是否完整、可行

B.专项施工方案计算书和验算依据、施工图是否符合有关标准规范

C.专项施工方案是否满足现场实际情况，并能够确保施工安全

D.专项施工方案所需的费用是否能够应该由建设单位承担

3. 根据《建设工程安全生产管理条例》，对达到一定规模的危险性较大的分部分项工程，施工单位应编制专项施工方案的是（　　　）。【必会】

A.场地平整工程　　　　　　　　　　B.土方开挖工程

C.砌体工程　　　　　　　　　　　　D.抹灰工程

4. 关于洞口作业防坠落措施要求的说法，错误的是（　　　）。【必会】

A.当竖向洞口短边边长小于500 mm时，应采取封堵措施

B.当非竖向洞口短边边长为25～500 mm时，应采用承载力满足使用要求的盖板覆盖

C.当非竖向洞口短边边长为500～1500 mm时，应采用盖板覆盖或防护栏杆等措施，并应固定牢固

D.当非竖向洞口短边边长大于或等于1500 mm时，应在洞口作业侧设置高度不小于1.5 m的防护栏杆

5. 关于合理设置消防扑救通道的描述，错误的是（　　　）。【必会】

A.施工现场出入口的设置应满足消防车通行的要求，并宜布置在不同方向，其数量不宜少于2个

B.当确有困难只能设置1个出入口时，应在施工现场内设置满足消防车通行的环形道路

C.现场如有临时消防车道，其与在建工程、临时用房、可燃材料堆场及其加工场的距离不宜小于5 m，且不宜大于40 m

D.施工现场内必须设置临时消防车道

6. 高度大于2 m的临边作业应设置防护栏杆。下列关于防护栏杆尺寸要求中，正确的是（　　　）。【必会】

A.防护栏杆应由横杆、立杆及高度不低于200 mm的挡脚板组成

B.防护栏杆应为两道横杆，上杆距地面高度应为1000 mm

C.当防护栏杆高度大于1000 mm时，应增设横杆

D.防护栏杆立柱间距不应大于2000 mm

7.当作业高度为33 m时，其坠落半径在计算时取值为（　　　）m。【熟悉】

A.3 　　　　　　　　　　　　　　B.4

C.5 　　　　　　　　　　　　　　D.6

二、多项选择题

8.专项施工方案的主要内容包括（　　　）。【必会】

A.工程概况 　　　　　　　　　　B.施工工艺技术

C.工程造价的验算 　　　　　　　D.应急处置措施

E.计算书及相关施工图纸

9.根据《建设工程安全生产管理条例》，施工单位应当组织专家对专项施工方案进行论证、审查的分部分项工程有（　　　）。【必会】

A.起重吊装工程 　　　　　　　　B.深基坑工程

C.拆除工程 　　　　　　　　　　D.高大模板工程

E.地下暗挖工程

10.关于安全技术交底内容及要求的说法，正确的有（　　　）。【必会】

A.由项目经理向施工员、班组长、分包单位技术负责人交底

B.项目部必须实行逐级交底制度，纵向延伸到班组全体作业人员

C.内容中包括作业人员发现事故隐患应采取的措施

D.定期向交叉作业的施工班组进行口头交底

E.应优先采用新的安全技术措施

知识点睛

①专项施工方案的内容、编制、审批、专家论证。

②施工安全技术措施及安全技术交底，防高处坠落、防物体打击、防坍塌、防机械伤害、防触电火灾、防护用品使用、安全技术交底的内容和要求。

6.4　施工安全事故应急预案和调查处理

Tips：平均考核 3 分。强力预测考核：1 个单选和 1 个多选。

一、单项选择题

1. 施工企业应对辨识出的安全风险按不同等级分别用不同颜色标示，对于较大风险等级的应以（　　）标示。【了解】

　　A.红色　　　　　　　　　　　　　　B.橙色

　　C.蓝色　　　　　　　　　　　　　　D.黄色

2. 企业生产安全事故应急预案体系由（　　）构成。【必会】

　　A.综合应急预案、单项应急预案、重点应急预案

　　B.企业应急预案、项目应急预案、人员应急预案

　　C.企业应急预案、职能部门应急预案、项目应急预案

　　D.综合应急预案、专项应急预案、现场处置方案

3. 某工程项目施工过程中发生安全事故，导致1人死亡，11人重伤，直接经济损失约为500万元。该生产安全事故等级属于（　　）。【熟悉】

　　A.特别重大事故　　　　　　　　　　B.较大事故

　　C.重大事故　　　　　　　　　　　　D.一般事故

4. 企业应在应急预案公布之日起（　　）个工作日内，按照分级属地原则，向县级以上人民政府应急管理部门和其他负有安全生产监督管理职责的部门进行备案，并依法向社会公布。【了解】

　　A.7　　　　　　　B.14　　　　　　　C.15　　　　　　　D.20

5. 建筑施工单位应至少（　　）组织一次生产安全事故应急预案演练，并将演练情况报送所在地县级以上地方人民政府负有安全生产监督管理职责的部门。【必会】

　　A.每一年　　　　　　　　　　　　　B.每两年

　　C.每三年　　　　　　　　　　　　　D.每半年

6. 应急管理部门和负有安全生产监督管理职责的有关部门接到事故报告后应依照相关规定逐级上报事故情况，每级上报的时间不得超过（　　）小时。【必会】

　　A.2　　　　　　　B.4　　　　　　　C.6　　　　　　　D.8

7. 关于施工单位安全事故报告的说法，正确的是（　　）。【必会】

A.施工单位负责人在接到安全事故报告后，应当在24小时内向有关部门报告

B.实行施工总承包的建设工程，由建设单位负责上报事故

C.安全事故发生后情况紧急时，事故现场人员可直接向建设单位负责人报告

D.事故发生后，事故现场有关人员应当立即向本单位负责人报告

8. 事故报告后出现新情况的，应当及时补报。道路交通事故、火灾事故自发生之日起（　　）日内，事故造成的伤亡人数发生变化的，应当及时补报。【熟悉】

A.3   B.7

C.15   D.30

9. 某工程安全事故造成了960万元的直接经济损失，没有人员伤亡。关于该事故调查的说法，正确的是（　　）。【必会】

A.应由事故发生地省级人民政府直接组织事故调查组进行调查

B.必须由事故发生地县级人民政府直接组织事故调查组进行调查

C.应由事故发生地设区的市级人民政府委托有关部门组织事故调查组进行调查

D.可由事故发生地县级人民政府委托事故发生单位组织事故调查组进行调查

10. 某施工单位注册地在甲市乙县，它的一个项目在丙市丁县，项目上发生了安全事故，造成3人死亡，900万元的直接经济损失，则该事故应该由（　　）人民政府负责组织调查。【熟悉】

A.甲市   B.乙县

C.丙市   D.丁县

11. 事故调查组应当自事故发生之日起（　　）日内提交事故调查报告；特殊情况下，经负责事故调查的人民政府批准，提交事故调查报告的期限可以适当延长，但延长的期限最长不超过（　　）日。【必会】

A.30、30   B.30、60

C.60、30   D.60、60

12. 若施工重大事故发生地与事故发生单位所在地不在同一个县级以上行政区域的，则事故调查应采取的做法是（　　）。【必会】

A.由事故发生地人民政府负责调查，事故发生单位所在地人民政府派人参加

B.由事故发生单位所在地人民政府负责调查，事故发生地人民政府派人参加

C.由上级主管部门负责调查，事故发生地和事故发生单位所在地人民政府派人参加

D.委托第三方专业机构负责调查，事故发生地和事故发生单位所在地人民政府派人参加

二、多项选择题

13.施工现场生产安全事故调查报告应包括的内容有（　　　）。【必会】

A.事故发生单位概况

B.事故发生原因和事故性质

C.事故责任的认定

D.对事故责任者的处罚决定

E.事故发生的经过和救援情况

知识点睛

①施工安全事故的风险分级管控，事故隐患治理、应急预案。

②施工安全事故等级和应急救援。

③施工安全事故报告和调查处理。

第7章
绿色施工及环境管理

考情解密

本章主要集中在判断型、归属型选择题，本章知识点与现实生活联系比较紧密，不需要大量记忆，通读知识点即可掌握，辅以题目的练习就能达到掌握知识点的目的，相对比较简单。

各节名称	预计分值	本章重点
绿色施工管理	2	（1）绿色施工概念及各方职责。
施工现场环境管理	2	（2）绿色施工措施。 （3）施工现场文明施工要求。
合计	4	（4）施工现场环境保护措施。

7.1 绿色施工管理

Tips：平均考核 2 分。强力预测考核：1 个多选。

一、单项选择题

1.循环经济的3R原则中"再循环"是指（　　）。【了解】

A.通过输入端控制方式，用较少资源投入来达到既定的生产目的

B.通过过程端控制方式，将废物直接作为产品或经修复、翻新、再制造后继续作为产品使用

C.通过过程端控制方式，将废物的全部或部分作为其他产品的部件予以使用

D.通过输出端控制方式，将生产出来的物品在完成其使用功能后通过回收利用重新变成可用资源

2.夜间噪声最大等级超出限制幅度不得高于（　　）。【必会】

A.30 dB（A）　　　　　　　　　　　B.25 dB（A）

C.15 dB（A）　　　　　　　　　　　D.20 dB（A）

二、多项选择题

3.绿色施工"四节一环保"中的"四节"指（　　　）。【熟悉】

A.节地　　　　　　　　　　　　B.节材

C.节电　　　　　　　　　　　　D.节水

E.节能

4.关于施工单位绿色施工职责的说法，正确的有（　　　）。【熟悉】

A.在编制工程概算和招标文件时，应明确绿色施工的要求，并提供包括场地、环境、工期、资金等方面的条件保障

B.应建立以项目经理为第一责任人的绿色施工管理体系

C.应建立建设工程绿色施工的协调机制

D.实行总承包的建设工程，总承包单位应对绿色施工负总责

E.总承包单位应对专业承包单位的绿色施工实施管理，专业承包单位应对工程承包范围的绿色施工负责

5.下列建设工程施工现场的防治措施中，属于扬尘污染防治措施的有（　　　）。

【必会】

A.清理高层建筑物的施工垃圾时使用容器吊运

B.施工现场道路指定专人定期洒水清扫

C.选用低噪声设备和加工工艺

D.对粉末状材料应封闭存放

E.化学用品妥善保管，库内存放避免污染

知识点睛

①绿色施工概念及各方职责，涉及"四节一环保"。

②绿色施工措施：管理措施、技术措施。

第7章　绿色施工及环境管理

7.2 施工现场环境管理

> Tips：平均考核2分。强力预测考核：2个单选。

单项选择题

1.根据《环境管理体系要求及使用指南》，不属于绩效评价内容的是（　　）。【了解】

　　A.组织所处环境　　　　　　　　B.监视、测量、分析和评价

　　C.内部审核　　　　　　　　　　D.管理评审

2.根据《环境管理体系要求及使用指南》，"应急准备和响应"属于环境管理体系（　　）部分中的内容。【必会】

　　A.领导作用　　　　　　　　　　B.运行

　　C.策划　　　　　　　　　　　　D.支持

3.关于施工现场文明施工的说法，正确的是（　　）。【必会】

　　A.施工现场要实行半封闭式管理

　　B.沿工地四周连续设置高度不低于1.5 m的围挡

　　C.施工现场应设置敞开式垃圾站

　　D.施工现场主要场地应硬化

> **知识点睛**
>
> ①施工现场文明施工要求，围挡的设置要求、"五牌一图"。
>
> ②施工现场环境保护措施，扬尘、污水、噪声、建筑垃圾的控制方法。

第8章
施工文件归档管理及项目管理新发展

考情解密

本章主要集中在归属型选择题，要求记忆的内容多，但由于每年考核的分数较少，因此应抓住核心要点进行学习，可有策略性地放弃一些不常考的知识点，将更多的时间放到复习其他章节高频考点中去。

各节名称	预计分值	本章重点
施工文件归档管理	1	（1）施工文件归档。
项目管理新发展	1	（2）施工文件立卷。
合计	2	（3）项目管理标准及交付价值。

8.1 施工文件归档管理

Tips：平均考核1分。强力预测考核：1个多选。

一、单项选择题

1.下列工程文件资料中，不属于施工技术文件的是（ ）。【了解】

　A.图纸会审记录　　　　　　　　　B.设计变更通知单

　C.工程洽商记录　　　　　　　　　D.施工日志

2.根据《建设工程文件归档规范》，关于施工文件立卷的说法，正确的是（ ）。
【必会】

　A.声像资料应与纸质文件在案卷设置上一致

　B.专业分包的分部工程，应并入相应单位工程立卷

　C.图纸应按专业排列，同专业图纸应按图号顺序排列

　D.卷内既有文字材料又有图纸资料时，图纸排列在前

二、多项选择题

3.下列施工文件档案资料中，属于施工技术文件的有（　　　）。【熟悉】

 A.见证记录   B.设计变更通知单

 C.质量事故报告及处理资料   D.工程洽商记录

 E.图纸会审记录

4.下列施工归档文件的质量要求中，正确的有（　　　）。【必会】

 A.施工文件应采用碳素墨水、蓝黑墨水等耐久性强的书写材料

 B.竣工图章尺寸为60 mm×80 mm

 C.工程文件文字材料尺寸宜为A4幅面

 D.图纸必须采用国家标准图幅

 E.竣工图章应使用不易褪色的印泥，应盖在图标栏上方空白处

知识点睛

施工文件类型、立卷的要求、归档的要求。

8.2　项目管理新发展

Tips：平均考核1分。强力预测考核：1个单选。

单项选择题

1.根据《项目管理知识体系指南》，关于项目管理的说法，正确的是（　　　）。

【熟悉】

A.多项目管理可分为项目群管理和项目组合管理

B.项目组合中的项目一定彼此依赖或有直接关系

C.项目群管理是指将若干项目或项目群与其他工作组合在一起进行有效管理，以实现组织的战略目标

D.由卫星、地面站、卫星发射等组成的通信卫星系统属于项目组合

2. 根据《建筑信息模型施工应用标准》，在施工进度管理中，应用BIM技术可以进行的工作是（　　）。【必会】

A.基于定额创建工作分解结构

B.基于定额完成资源配置

C.基于工程量估算编制进度计划

D.基于资源分析创建进度管理模型

3. 《项目管理知识体系指南》要求建立以（　　）为导向的项目管理理念，从项目需求提出开始到项目交付使用，以追求价值卓越为目标，最终完整实现项目价值。【熟悉】

A.交付价值 　　　　　　　　　　B.社会效益

C.投资效益 　　　　　　　　　　D.技术创新

> **知识点睛**
>
> ①项目管理的国际标准、国内标准及价值交付。
>
> ②BIM在工程中的应用程序、内容。

第二部分

巩固提升

通关必做卷一（基础阶段测试）

试卷总分：100分

一、单项选择题（共60题，每题1分。每题的备选项中，只有1个最符合题意）

1. 除国家对采用高新技术成果有特别规定外，以工业产权、非专利技术作价出资的比例不得超过投资项目资本金总额的（　　）。

   A.10%   B.15%

   C.20%   D.50%

2. 关于施工总承包管理方责任的说法，正确的是（　　）。

   A.需要承担施工任务并对其质量负责

   B.与分包方和供货商直接签订合同

   C.需要承担对分包方的组织和管理责任

   D.负责组织和指挥总承包单位的施工

3. 某地铁工程项目，发包人将14座车站的土建工程分别发包给14个土建施工单位，对应的机电安装工程分别发包给14个机电安装单位，该发承包模式属于（　　）模式。

   A.施工总承包   B.施工平行承包

   C.施工总承包管理   D.项目总承包

4. 工程开工前，（　　）需要到规定的工程质量监督机构办理工程质量监督手续，未按规定办理工程质量监督手续的，一律不得开工。

   A.建设单位   B.设计单位

   C.监理单位   D.施工单位

5. 某施工项目管理组织机构如下图所示，其组织形式是（　　）。

A.直线式   B.直线职能式   C.职能式   D.矩阵式

6.施工企业项目经理的管理权限应由企业（　　）授予。

    A.董事会

    B.经理层

    C.股东大会

    D.法定代表人

7.根据《建筑施工组织设计规范》，施工组织设计应由（　　）主持编制。

    A.施工单位技术负责人

    B.项目负责人

    C.总监理工程师

    D.项目技术负责人

8.某施工总承包企业甲将建筑主体钢结构工程分包给专业分包单位乙，该钢结构工程专项施工方案应由（　　）进行审批。

    A.总包单位项目技术负责人

    B.专业分包单位技术负责人

    C.专业分包单位项目技术负责人

    D.总包单位技术负责人

9.下列项目目标动态控制的纠偏措施中，属于合同措施的是（　　）。

    A.优化项目管理任务分工

    B.合理处置工程变更和索赔

    C.调整项目管理工作流程组织

    D.落实加快施工进度所需的资金

10.根据《中华人民共和国招标投标法实施条例》，招标人对已发出的招标文件进行必要的澄清或者修改的，应当在招标文件要求提交投标文件截止时间至少（　　）日前发出。

    A.7

    B.14

    C.15

    D.21

11.关于建设工程施工招标评标的说法，正确的是（　　）。

    A.投标报价中出现单价与数量的乘积之和与总价不一致时，将作废标处理

    B.投标书中投标报价大写金额与小写金额不一致时，将作废标处理

    C.投标文件应对招标文件提出的实质性要求和条件作出响应，否则会导致废标

    D.评标方法通常有经评审的最高投标价法和综合评估法

12.关于固定单价合同的说法，正确的是（　　）。

    A.当通货膨胀达到一定水平时，可对单价进行调整

B.当国家政策发生变化时，可对单价进行调整

C.当实际工程量发生较大变化时，可对单价进行调整

D.无论发生哪些影响价格的因素都不对单价进行调整

13.关于企业投标报价编制原则的说法，正确的是（　　）。

A.投标报价应由投标人自行编制，不能委托第三方机构

B.为了鼓励竞争，投标报价可以略低于成本

C.投标人必须按照招标工程量清单填报价格

D.投标人的投标报价可以略高于招标控制价

14.根据《标准施工招标文件》，关于承包人提出索赔期限的说法，正确的是（　　）。

A.按照合同约定接受竣工付款证书后，仍有权提出工程接收证书颁发前发生的索赔

B.按照合同约定接受竣工验收证书后，无权提出工程接收证书颁发后发生的索赔

C.按照合同约定提交的最终结清申请书中，只限于提出工程接收证书颁发前发生的索赔

D.按照合同约定提交的最终结清申请书中，只限于提出工程接收证书颁发后发生的索赔

15.某建设工程施工合同约定的开工日期为3月1日，发包人于3月10日向承包人发出开工通知，开工通知载明的开工日期为3月20日，接到开工通知后，承包人由于人员、设备未能及时到位，3月30日才正式进场施工，根据《最高人民法院关于审理建设工程施工合同纠纷案件适用法律问题的解释（一）》，该项目开工日期应当为（　　）。

A.3月1日　　　　　　　　　　　　B.3月10日

C.3月30日　　　　　　　　　　　　D.3月20日

16.根据《建设工程施工专业分包合同（示范文本）》，关于专业工程分包人责任和义务的说法，正确的是（　　）。

A.负责施工现场的管理工作，与同一施工现场的其他分包人做好配合协调工作

B.已竣工分包工程未移交的，分包人应负责已完分包工程的成品保护工作

C.就分包范围内的工作，分包人根据需要可与发包人直接联系

D.分包人征得发包人的同意，可以将其承包的工程转包给他人

17. 根据《建设工程施工劳务分包合同（示范文本）》，运至施工场地用于劳务施工的待安装设备，由（   ）负责办理或获得保险。

A.工程承包人

B.发包人

C.劳务分包人

D.设备生产厂

18. 因卖方未能按时支付合同约定的材料时，每延迟一天，应向买方多支付（   ）违约金。

A.0.08%

B.0.5%

C.0.8%

D.1.0%

19. 施工承包风险可从施工项目本身和外部环境两方面考虑。下列属于施工项目本身风险的是（   ）。

A.工程分包风险

B.自然环境风险

C.市场风险

D.政策风险

20. 根据《中华人民共和国招标投标法实施条例》，投标保证金不得超过招标项目估算价的（   ）。

A.2%

B.3%

C.5%

D.10%

21. 在影响施工进度的影响因素中，属于施工单位自身的组织管理因素的是（   ）。

A.建设资金不到位

B.设计方案的可施工性差

C.应用不成熟的施工技术

D.施工计划安排不周密

22. 建设工程采用平行施工方式的特点是（   ）。

A.充分利用工作面进行施工

B.施工现场组织管理简单

C.专业工作队能够连续施工

D.有利于实现专业化施工

23. 某工程有3个施工过程，分2个施工段组织固定节拍流水施工，流水节拍为2天，各施工过程之间均存在2天的工艺间歇时间，则流水施工工期为（   ）天。

A.10

B.12

C.14

D.16

24. 关于双代号网络图绘图规则的说法，正确的是（   ）。

A.箭线不能交叉

B.只有一个起点节点

C.不能出现虚工作

D.箭线应保持自右向左的方向

25. 某双代号网络计划如下图所示（单位：天），下列说法错误的是（　　）。

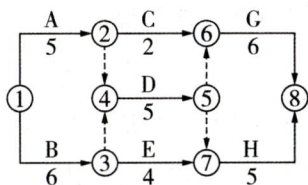

A.工作①→③是关键工作　　　　　　　B.工作②→⑥的自由时差为3天

C.工作④→⑤的总时差为零　　　　　　D.总工期为17天

26. 单代号网络计划如下图所示（单位：天），工作C的最迟开始时间是（　　）天。

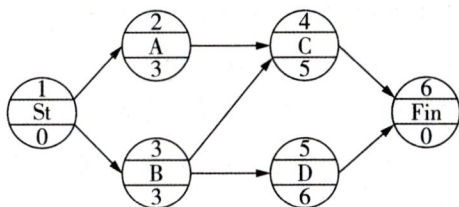

A.0　　　　　　　　　B.1　　　　　　　　　C.3　　　　　　　　　D.4

27. 某工程双代号时标网络计划如下图所示，其中工作C的总时差是（　　）。

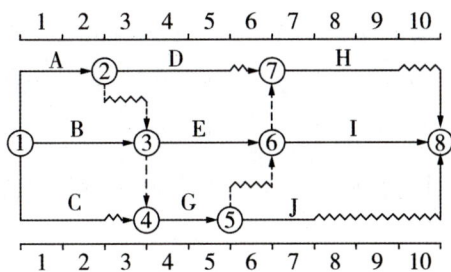

A.1　　　　　　　　　B.2　　　　　　　　　C.3　　　　　　　　　D.4

28. 为了保证进度的顺利完成，将现浇混凝土方案改为预制装配方案，这个措施属于
（　　）。

A.组织措施　　　　　　　　　　　　　B.技术措施

C.经济措施　　　　　　　　　　　　　D.其他配套措施

29. 在影响工程质量的五大主要因素中，建设主管部门推广的高性能混凝土技术，属于
（　　）的因素。

A.环境　　　　　　　　　　　　　　　B.材料

C.机械　　　　　　　　　　　　　　　D.方法

30. 质量管理体系文件主要由（　　　）等构成。

A.质量目标、质量手册、质量计划、作业指导书和质量记录

B.质量手册、程序文件、质量计划、作业指导书和质量记录

C.质量方针、质量手册、程序文件、作业指导书和质量记录

D.质量手册、质量计划、质量记录、作业指导书和质量评审

31. 某产品质量检验采用计数型二次抽样检验方案，已知：$N=2000$，$n_1=100$，$n_2=400$，$C_1=2$，$C_2=8$；经二次抽样检得：$D_1=3$，$D_2=4$，则正常的结论是（　　　）。

A.经第一次抽样检验即可判定该批产品质量合格

B.经第一次抽样检验即可判定该批产品质量不合格

C.经第二次抽样检验即可判定该批产品质量合格

D.经第二次抽样检验即可判定该批产品质量不合格

32. 在采用排列图法分析工程质量问题时，按累计频率划分进行质量影响因素分类，次要因素对应的累计频率区间为（　　　）。

A.70%～80%　　　　　　　　　　B.80%～90%

C.80%～100%　　　　　　　　　　D.90%～100%

33. 混凝土预制构件出厂时的混凝土强度不宜低于设计混凝土强度等级的（　　　）。

A.50%　　　　　　　　　　　　　B.90%

C.75%　　　　　　　　　　　　　D.100%

34. 下列质量控制点的重点控制对象中，属于施工技术参数类的是（　　　）。

A.水泥的安定性

B.预应力钢筋的张拉

C.混凝土冬期施工受冻临界强度

D.混凝土浇筑后的拆模时间

35. 某工程混凝土浇筑过程中，因工人直接浇筑高度超出施工方案要求造成质量事故，该事故按照事故责任分类属于（　　　）。

A.操作责任事故　　　　　　　　　B.指导责任事故

C.技术责任事故　　　　　　　　　D.管理责任事故

36. 施工质量事故发生以后，相关工作包括：①事故调查；②事故处理；③事故报告；④事故处理的鉴定验收。仅就上述工作而言，正确的顺序是（　　　）。

A.①-③-④-②　　　　　　　　　B.①-②-③-④

C.①-③-②-④　　　　　　　　　D.③-①-②-④

37.下列施工单位发生的各项费用支出中，可以计入施工直接成本的是（　　）。

A.施工现场管理人员工资　　　　B.组织施工生产必要的差旅交通费

C.构成工程实体的材料费用　　　D.施工过程中发生的贷款利息

38.下列建设工程项目成本管理的任务中，作为开展成本控制和分析的基础，也是成本控制的主要依据是（　　）。

A.成本预测　　　　　　　　　　B.成本计划

C.成本考核　　　　　　　　　　D.成本分析

39.施工企业可以直接用来编制施工进度计划，下达施工任务书的定额是（　　）。

A.预算定额　　　　　　　　　　B.施工定额

C.概算定额　　　　　　　　　　D.估算指标

40.施工企业在投标报价时，周转性材料的消耗量应按（　　）计算。

A.摊销量　　　　　　　　　　　B.一次使用量

C.周转使用次数　　　　　　　　D.每周转使用一次的损耗量

41.某项目按施工进度编制的施工成本计划如下图所示，则4月份计划成本是（　　）万元。

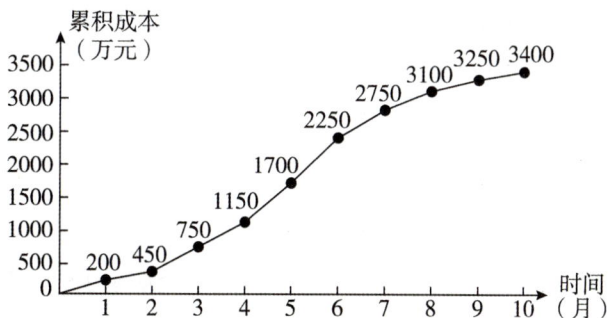

A.300　　　　　　B.400　　　　　　C.750　　　　　　D.1150

42.关于利用时间-成本累积曲线编制施工成本计划的说法，正确的是（　　）。

A.所有工作都按最迟开始时间，对节约资金不利

B.所有工作都按最迟开始时间，降低了项目按期竣工的保证率

C.所有工作都按最早开始时间，对节约资金有利

D.项目经理通过调整关键工作的最早开始时间，将成本控制在计划范围之内

43. 施工成本的过程控制中,人工费的控制实行( )方法。

    A.量化管理
    B.弹性管理
    C.量价分离
    D.指标包干

44. 某地下工程施工合同约定,3月份计划开挖土方量40000 m^3,合同单价为90元/m^3;3月份实际开挖土方量38000 m^3,实际单价为80元/m^3。则至3月底,该工程的进度偏差为( )万元。

    A.18
    B.−18
    C.16
    D.−16

45. 下列施工成本管理措施中,属于合同措施的是( )。

    A.做好施工采购计划
    B.寻求合同索赔的机会
    C.确定施工任务单管理流程
    D.对成本管理目标进行风险分析

46. 施工成本分析的主要工作有:①收集成本信息;②选择成本分析方法;③分析成本形成原因;④进行成本数据处理;⑤确定成本结果。正确的步骤是( )。

    A.①-②-④-⑤-③
    B.②-①-④-③-⑤
    C.②-③-①-⑤-④
    D.①-③-②-④-⑤

47. 下列施工成本分析方法中,用来分析各种因素对成本影响程度的是( )。

    A.相关比率法
    B.比重分析法
    C.连环置换法
    D.动态比率法

48. 职业健康安全管理体系的管理评审,应由企业的( )进行。

    A.最高管理者
    B.项目经理
    C.技术负责人
    D.专职安全员

49. 下列风险控制方法中,适用于第一类危险源控制的是( )。

    A.明确安全责任
    B.建立健全危险源管理规章制度
    C.做好个体防护
    D.实施考核评价和奖惩

50. 关于企业安全生产费用提取的说法,错误的是( )。

    A.建设工程施工企业编制投标报价应包含并单列企业安全生产费用,竞标时不得删减

    B.建设单位应在合同中单独约定并于工程开工日1个月内向承包单位支付至少50%企业安全生产费用

C.总包单位应在合同中单独约定并于分包工程开工日1个月内将至少50%企业安全生产费用直接支付分包单位并监督使用，分包单位不再重复提取

D.工程竣工决算后结余的企业安全生产费用，归总包单位所有

51. 根据安全生产教育培训制度，新上岗的施工企业从业人员，岗前培训时间的最少学时是（　　）学时。

A.12　　　　　　　B.36　　　　　　　C.48　　　　　　　D.24

52. 根据《建设工程安全生产管理条例》，达到一定规模的危险性较大的起重吊装工程应由（　　）进行现场监督。

A.施工单位技术负责人　　　　　　B.总监理工程师

C.专职安全生产管理人员　　　　　　D.专业监理工程师

53. 超过一定规模的危险性较大的分部分项工程专项施工方案经专家论证后结论为"修改后通过"的，（　　）。

A.施工单位可参考专家意见自行修改完善

B.专家意见要明确具体修改内容，施工单位应按照专家意见进行修改，修改情况应及时告知专家

C.施工单位修改后应按照规定的要求重新组织专家论证

D.施工单位按照自己的方案自行修改完善，并告知专家

54. 安全风险等级从高到低划分为重大风险、较大风险、一般风险和低风险。其中，一般风险用（　　）标示。

A.蓝色　　　　　　B.黄色　　　　　　C.橙色　　　　　　D.红色

55. 建筑施工单位应至少（　　）组织一次生产安全事故应急预案演练，并将演练情况报送所在地县级以上地方人民政府负有安全生产监督管理职责的部门。

A.每一年　　　　　　　　　　B.每两年

C.每三年　　　　　　　　　　D.每半年

56. 某县一建筑工地发生生产安全重大事故，则事故调查组应由（　　）负责组织。

A.事故发生地县级人民政府

B.国务院安全生产监督管理部门

C.事故发生地市级人民政府

D.事故发生地省级人民政府

57. 在节材措施方面，力争工地临房、临时围挡材料的可重复使用率达到（　　　）。

    A.50%　　　　　　B.75%　　　　　　C.70%　　　　　　D.90%

58. 夜间噪声最大等级超出限值幅度不得高于（　　　）。

    A.30 dB（A）　　B.25 dB（A）　　C.15 dB（A）　　D.20 dB（A）

59. 根据文明工地标准，施工现场必须设置"五牌一图"，其中的"一图"是（　　　）。

    A.施工进度网络图　　　　　　　　B.大型施工机械布置图

    C.施工现场总平面图　　　　　　　D.安全管理流程图

60. 施工BIM技术应用策划有以下内容：①以BIM技术应用流程图等形式明确BIM技术应用过程；②确定BIM技术应用的基础条件；③确定BIM技术应用的范围和内容；④规定BIM技术应用过程中的信息交换要求。正确的步骤是（　　　）。

    A.③—①—②—④　　　　　　　B.②—③—④—①

    C.③—①—④—②　　　　　　　D.②—④—①—③

二、多项选择题（共20题，每题2分。每题的备选项中，有2个或2个以上符合题意，至少有1个错项。错选，本题不得分；少选，所选的每个选项得0.5分）

61. 下列情形中，属于总监理工程师应签订工程暂停令的有（　　　）。

    A.施工单位拒绝项目监理机构管理的

    B.施工单位存在质量事故隐患的

    C.施工单位存在安全隐患的

    D.施工单位违反工程建设强制性标准的

    E.施工单位未按照审查通过的设计方案施工的

62. 项目管理采用矩阵式组织机构形式的特点有（　　　）。

    A.组织机构稳定性强　　　　　　B.易于统一指挥

    C.组织机构灵活性大　　　　　　D.组织机构机动性强

    E.每一个成员受双重领导

63. 根据编制对象的不同，施工组织设计可分为（　　　）。

    A.单项施工组织设计　　　　　　B.施工组织总设计

    C.单位工程施工组织设计　　　　D.危大工程施工组织设计

    E.施工方案

64. 施工合同有多种类型，下列工程中宜采用总价合同的有（　　　）。

A.没有施工图纸的灾后紧急恢复工程

B.设计深度不够，工程量清单不够明确的工程

C.已完成施工图审查的单体住宅工程

D.工程内容单一，施工图设计已完的路面铺装工程

E.采用较多新技术、新工艺的工程

65. 根据《标准设备采购招标文件》中的通用合同条款，卖方交付合同约定的全部设备后，买方在支付合同价款前须收到卖方提交的单据有（　　　）。

A.卖方出具的交货清单正本一份

B.买方签署的收货清单正本一份

C.制造商出具的设备出厂质量合格证正本一份

D.合同价格100%金额的增值税发票正本一份

E.监造人员出具的合同设备监造确认书一份

66. 项目风险评估工作包括（　　　）。

A.确定各种风险的风险等级　　　　　　B.分析各种风险的损失量

C.风险的相关特征　　　　　　　　　　D.确定应对各种风险的对策

E.分析各种风险因素的发生概率

67. 建设工程组织流水施工时，划分施工段原则（　　　）。

A.每个施工段需要有足够的工作面

B.施工段数要满足合理组织流水施工要求

C.施工段界限要尽可能与结构界限相吻合

D.同一专业工作队在同一施工段劳动量比相等

E.施工段必须在同一平面内划分

68. 关于双代号网络计划中线路的说法，正确的有（　　　）。

A.非关键线路就是指总持续时间最短的线路

B.一个网络图中可能有一条或多条关键线路

C.线路中各项工作持续时间之和就是该线路的长度

D.线路中各节点应从小到大连续编号

E.没有虚工作的线路称为关键线路

69. 某项目时标网络计划第2、4周末实际进度前锋线如下图所示，关于该项目进度情况的说法，正确的有（　　）。

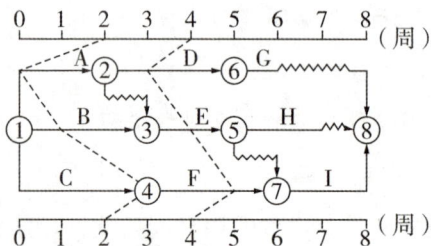

A.第2周末，工作C提前1周，工期提前1周

B.第2周末，工作A拖后2周，但不影响工期

C.第2周末，工作B拖后1周，但不影响工期

D.第4周末，工作D拖后1周，但不影响工期

E.第4周末，工作F提前1周，工期提前1周

70. 质量管理体系认证的程序包括（　　）。

A.培训　　　　　　　　　　　　　B.申请

C.定期监督检查　　　　　　　　　D.检查和评定

E.审批与注册发证

71. 采用控制图进行工程质量分析时，表明工程质量属于正常情形的有（　　）。

A.质量点在控制界限内的排列呈周期性变化

B.连续25点以上处于控制界限内

C.连续7点以上呈上升排列

D.连续35点中有1点超出控制界限

E.连续100点中有不多于2点超出控制界限

72. 根据《建筑工程施工质量验收统一标准》，单位工程质量验收合格应符合的规定有（　　）。

A.所含分部工程的质量应全部验收合格

B.质量控制资料应完整、真实

C.观感质量应符合要求

D.建设单位已按合同约定支付工程款

E.主要使用功能的抽查结果应符合国家现行强制性工程建设标准规定

73. 下列施工质量事故发生原因中，属于技术原因的有（　　　）。

   A.因地质勘察不细导致的桩基方案不正确

   B.边勘察、边设计、边施工

   C.进场材料检验不严格

   D.中标后依靠违法的手段或修改方案追加工程款

   E.采用不合适的施工方法、施工工艺

74. 下列工人工作的时间中，属于损失时间的有（　　　）。

   A.多余和偶然工作时间

   B.材料供应不及时导致的停工时间

   C.因施工工艺特点引起的工作中断时间

   D.技术工人由于差错导致的工时损失

   E.工人午休后迟到造成的工时损失

75. 下列项目施工成本管理资料中，可以作为编制施工成本计划依据的有（　　　）。

   A.工程决算资料　　　　　　　　　　B.预算定额

   C.资源市场价格信息　　　　　　　　D.设计文件

   E.项目管理实施规划

76. 某商品混凝土目标成本与实际成本对比如下表所示，关于其成本分析的说法，正确的有（　　　）。

项　目	单　位	目　标	实　际
产量	m³	600	640
单价	元	715	755
损耗	%	4	3

   A.实际成本与目标成本的差额是51536元

   B.产量增加使成本增加了28600元

   C.单价提高使成本增加了26624元

   D.该商品混凝土目标成本是497696元

   E.损耗率下降使成本减少了4832元

77. 下列属于特殊作业人员的有（　　　）。

   A.爆破作业人员　　　　　　　　　　B.油漆工

C.登高架设作业人员　　　　　　D.建筑起重信号工

E.自卸卡车司机

78.关于安全技术交底要求的说法，正确的有（　　　）。

A.必须采用新的安全技术措施

B.必须实行逐级安全技术交底制度

C.定期向多工种交叉施工作业队伍书面交底

D.由项目经理向施工员、班组长、分包单位技术负责人交底

E.保留书面安全技术交底签字记录

79.施工现场环境保护措施中的"控制项"包括（　　　）。

A.应建立环境保护管理制度

B.现场厕所应设置化粪池，化粪池定期清理

C.在醒目位置设置环境保护标识

D.焊接作业时，应采取挡光措施

E.制订地下文物保护应急预案

80.关于施工文件归档质量要求的说法，正确的有（　　　）。

A.施工文件可采用红色墨水、纯蓝墨水、圆珠笔作为书写材料

B.归档的文件应为原件

C.工程文件文字材料幅面尺寸规格必须为A4幅面

D.所有竣工图均应加盖竣工图章

E.竣工图的绘制与改绘应符合国家现行有关制图标准的规定

通关必做卷二（进阶阶段测试）

试卷总分：100分

一、单项选择题（共60题，每题1分。每题的备选项中，只有1个最符合题意）

1. 基础设施领域项目通过发行权益型、股权类金融工具筹措的资本金，不得超过项目资本金总额的（　　）。

   A.20%   B.30%

   C.40%   D.50%

2. 关于缺陷责任期的说法，正确的是（　　）。

   A.建设工程自试运行之日起即进入缺陷责任期

   B.缺陷责任期最长不超过12个月

   C.在缺陷责任期内发现有质量缺陷的，修复费用均由施工单位承担

   D.缺陷责任期届满时，施工单位未履行缺陷责任的，建设单位有权扣留与未履行责任部分所需金额相应的工程质量保证金

3. 关于施工平行承包模式下进度控制的说法，正确的是（　　）。

   A.须全部施工图完成后才能进行招标，对进度控制不利

   B.业主用于平行发包的招标次数少，有利于进度控制

   C.业主组织管理和协调工作量小

   D.部分施工图完成后即可进行该部分的招标，有利于缩短建设周期

4. 下列建设工程中，不属于必须实行工程监理的是（　　）。

   A.使用外国政府贷款的工程

   B.总投资额为3500万元的旅游项目

   C.总投资额为2500万元的社会福利项目

   D.高层住宅

5. 下列各项中，属于总监理工程师可以委托给总监理工程师代表的工作是（　　）。

   A.签发工程开工令、暂停令和复工令

   B.召开监理例会

   C.组织工程竣工预验收

   D.签发工程款支付证书

6. 某施工项目管理组织机构如下图所示，其组织形式是（　　）。

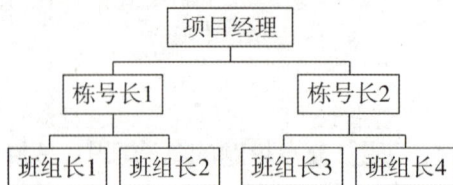

```
                  项目经理
              ┌──────┴──────┐
           栋号长1        栋号长2
         ┌───┴───┐      ┌───┴───┐
      班组长1  班组长2  班组长3  班组长4
```

    A.直线式   B.直线职能式

    C.职能式   D.矩阵式

7. 承包人更换项目经理应事先征得建设单位同意，并应在更换（　　）前通知发包人和监理人。

    A.7天   B.14天   C.28天   D.30天

8. 施工单位一旦接到中标通知书，应马上成立策划领导小组，进行施工项目实施策划。领导小组组长由（　　）担任。

    A.企业法定代表人   B.企业主管生产的副总

    C.项目经理   D.项目技术负责人

9. 根据《建筑施工组织设计规范》，专业承包工程的施工方案由（　　）审批。

    A.施工总承包单位技术负责人或其授权的技术人员

    B.施工总承包项目技术负责人或其授权的技术人员

    C.专业承包单位技术负责人或其授权的技术人员

    D.专业承包项目技术负责人或其授权的技术人员

10. 某项目由于电梯设备采购延误导致总体工程进度延误，项目经理部研究决定调整项目采购负责人，该纠偏措施属于项目目标控制的（　　）。

    A.组织措施   B.合同措施

    C.经济措施   D.技术措施

11. 按照竞争开放程度不同，施工招标可分为公开招标和邀请招标两种方式。关于公开招标特点的说法，正确的是（　　）。

    A.招标人可在较广范围内选择承包商，投标竞争激烈

    B.招标时间短、费用高

    C.投标竞争的激烈程度相对较差，进而会提高中标合同价

    D.不需要发布招标公告和设置资格预审程序，可节约招标费用、缩短招标时间

12. 某土石方工程采用混合计价。其中土方工程采用总价包干，包干价20万元；石方工程采用综合单价合同，单价为100元/m³。该工程有关的工程量资料如下表所示，则该工程的结算价款是（　　）万元。

项　　目	估计工程量/m³	实际完成工程量/m³	合同单价（元/m³）
土方工程	3300	3600	—
石方工程	2000	2500	100

　　A.45　　　　　　　B.40　　　　　　　C.53　　　　　　　D.61

13. 关于施工现场文明施工的说法，正确的是（　　）。

　　A.施工现场要实行半封闭式管理

　　B.沿工地四周连续设置高度不低于1.5 m的围挡

　　C.施工现场应设置敞开式垃圾站

　　D.施工现场主要场地应硬化

14. 某土方工程，招标工程量清单中的挖土方数量为4000 m³，投标人根据自行拟定的施工方案计算的挖土方数量为6500 m³。投标人计算的挖土方人、料、机费用总额为188000元，其中人工费用为80000元，管理费取人、料、机费用之和的15%，利润取人、料、机与管理费之和的6%。根据《建设工程工程量清单计价规范》，在不考虑其他因素的情况下，投标报价时土方工程综合单价应为（　　）元/m³。

　　A.20.25　　　　　　　　　　B.32.91

　　C.57.29　　　　　　　　　　D.35.26

15. 根据《标准施工招标文件》，合同文件的解释顺序从高到低，正确的是（　　）。

　　A.中标通知书、投标函及附录、专用合同条款

　　B.投标函及附录、中标通知书、专用合同条款

　　C.专用合同条款、中标通知书、投标函及附录

　　D.中标通知书、专用合同条款、投标函及附录

16. 下列投标报价策略中，属于恰当使用不平衡报价的是（　　）。

　　A.适当降低早结算项目的报价

　　B.适当提高晚结算项目的报价

　　C.适当提高预计后期会增加工程量项目的单价

　　D.适当提高内容说明不清楚的项目的单价

17. 招标发包工程的基准日期是在投标截止日期之前第（　　）天的日期。

    A.7　　　　　　　　B.10　　　　　　　　C.14　　　　　　　　D.28

18. 根据《标准施工招标文件》，不属于工程变更范围的是（　　）。

    A.为完成工程需要追加的额外工作

    B.取消合同中任何一项工作，并将该工作转由其他人实施

    C.改变合同工程的基线、标高、位置或尺寸

    D.改变合同中任何一项工作的质量或其他特性

19. 根据《建设工程工程量清单计价规范》，发包人应在工程开工后的28天内预付不低于当年施工进度计划的安全文明施工费总额的（　　）。

    A.50%　　　　　　　　　　　　　　B.90%

    C.60%　　　　　　　　　　　　　　D.100%

20. 某现浇混凝土工程采用工程量清单中的工程数量为3000 m^3，合同约定：综合单价为800元/m^3，当实际工程量超过清单中数量的15%时，综合单价调整为原单价的0.9倍。工程结束时，经监理工程师确认的实际完成工程量为3500 m^3，则现浇混凝土工程款应为（　　）万元。

    A.240.0　　　　　　　　　　　　　　B.252.0

    C.279.6　　　　　　　　　　　　　　D.276.0

21. 下列质量风险对策中，属于"减轻"对策的是（　　）。

    A.依法实行联合体承包　　　　　　B.采用第三方担保

    C.建立应急储备　　　　　　　　　　D.向保险工程投保

22. 根据《建设工程质量保证金管理办法》，工程质量保证金总预留比例不得高于工程价款结算总额的（　　）。

    A.2%　　　　　　　　　　　　　　B.5%

    C.10%　　　　　　　　　　　　　　D.3%

23. 采用横道图编制施工进度计划的不足之处是（　　）。

    A.不能直观地表达各项工作的完成时间

    B.不能确定整个工程项目的总工期

    C.不能确定计划中的关键线路

    D.不能反映工作持续时间

24. 下列流水施工参数中，用来表达流水施工在空间布置上开展状态的参数是（　　）。

    A.施工过程和流水强度　　　　　　　　　B.流水节拍和流水步距

    C.施工段和施工过程　　　　　　　　　　D.工作面和施工段

25. 某分部工程有3个施工过程，分为5个施工段组织加快的成倍节拍流水施工，各施工过程流水节拍分别是2天、4天、8天，则该分部工程的流水施工工期是（　　）天。

    A.24　　　　　　　　　B.22　　　　　　　　　C.30　　　　　　　　　D.28

26. 某网络计划如下图所示，逻辑关系正确的是（　　）。

    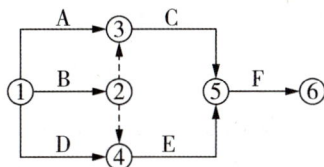

    A.A完成后同时进行C、F　　　　　　　　B.A、B均完成后进行E

    C.F的紧前工作是D、E　　　　　　　　　D.E的紧前工作是B、D

27. 某单代号网络计划如下图所示，工作A、D之间的时间间隔是（　　）天。

    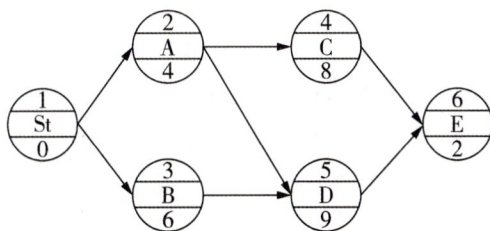

    A.0　　　　　　　　　B.1　　　　　　　　　C.2　　　　　　　　　D.3

28. 某网络计划中，工作Q有两项紧前工作M、N。M、N的持续时间分别为4天、5天，M、N工作的最早开始时间分别为第9天、第11天，则工作Q的最早开始时间是第（　　）天。

    A.9　　　　　　　　　B.13　　　　　　　　　C.15　　　　　　　　　D.16

29. 双代号时标网络中，波形线表示（　　）。

    A.工作的总时差

    B.工作与其紧后工作之间的时间间隔

    C.工作的最早开始时间

    D.工作与其紧后工作之间的时距

30. 某工程网络计划中，工作M的自由时差为2天，总时差为5天。进度检查时发现该工作的持续时间延长了4天，则工作M的实际进度（　　）。

　　A.不影响总工期，但其紧后工作的最早开始时间推迟2天

　　B.既不影响总工期，也不影响其紧后工作的正常进行

　　C.将使其紧后工作的开始时间推迟4天，并使总工期延长2天

　　D.将使总工期延长4天，但不影响其紧后工作的正常进行

31. 企业在获得质量管理体系认证后，应经常性地进行内部审核，保持质量管理体系的有效性，并（　　）接受认证机构对质量管理体系实施的定期检查。

　　A.每年两次　　　　　　　　　　　B.每三年一次

　　C.每年一次　　　　　　　　　　　D.每月一次

32. 建设工程项目"三全"质量管理中的"全面"是指（　　）的管理。

　　A.工程质量和工作质量　　　　　　B.决策过程和实施过程

　　C.管理岗位和工作岗位　　　　　　D.全方位和全流程

33. 下列现场质量检查的方法中，属于感官检验法的是（　　）。

　　A.利用小锤敲击检查瓷砖铺贴质量

　　B.利用全站仪复查轴线偏差

　　C.利用酚酞液观察混凝土表面碳化

　　D.进行桩基的静载试验

34. 应用控制图法分析建筑产品生产过程是否处于稳定状态时，可判定为异常情形的是（　　）。

　　A.中心线一侧出现7点链　　　　　B.中心线两侧有6点连续下降

　　C.连续11点中有6点在中心线一侧　D.中心线两侧有5点连续上升

35. 下列施工质量控制工作中，属于技术准备工作质量控制的是（　　）。

　　A.熟悉与会审图纸　　　　　　　　B.建立施工测量控制网

　　C.进行施工平面布置　　　　　　　D.实行工序交接检查制度

36. 在建筑工程施工过程中，隐蔽工程在隐蔽前应通知（　　）进行验收，并形成验收文件。

　　A.施工单位质检部门　　　　　　　B.监理单位

　　C.设计单位　　　　　　　　　　　D.政府质量监督站

37. 根据《质量管理体系基础和术语》，工程产品与规定用途有关的不合格，称之为（　　）。

    A.质量通病　　　　　　　　　　　　B.质量缺陷

    C.质量问题　　　　　　　　　　　　D.质量事故

38. 下列施工质量缺陷问题可不做处理的是（　　）。

    A.混凝土出现0.4 mm宽裂隙

    B.混凝土采用了安定性不合格的水泥

    C.预应力构件张拉系数不满足设计要求

    D.混凝土现浇楼面平整度偏差8 mm

39. 按施工成本性态划分，施工成本可分为固定成本和变动成本，以下属于变动成本的是（　　）。

    A.材料费　　　　　　　　　　　　　B.办公费

    C.管理人员工资　　　　　　　　　　D.按直线法计提的固定资产折旧

40. 施工成本管理是指施工项目管理机构以（　　）为主线，对施工成本进行计划、控制、分析，并进行施工成本管理绩效考核的过程。

    A.投资估算　　　　　　　　　　　　B.投标报价

    C.责任成本　　　　　　　　　　　　D.施工图预算

41. 下列建设工程定额中，分项最细、子目最多的定额是（　　）。

    A.预算定额　　　　　　　　　　　　B.施工定额

    C.核算定额　　　　　　　　　　　　D.费用定额

42. 对于产品规格多、工序重复、工作量小的施工过程，以同类型工序或同类型产品的实耗工时为标准制定人工定额的方法是（　　）。

    A.经验估价法　　　　　　　　　　　B.统计分析法

    C.比较类推法　　　　　　　　　　　D.技术测定法

43. 实施性成本计划是在项目施工准备阶段，采用（　　）编制的施工成本计划。

    A.估算指标　　　　　　　　　　　　B.概算定额

    C.预算定额　　　　　　　　　　　　D.施工定额

44. 按工程实施阶段编制成本计划，可采用的表达方式是（　　）。

    A.分项工程成本计划表或成本计划直方图

B.分项工程成本计划表或时间-成本累积曲线

C.分部工程成本计划表或分项工程成本计划表

D.成本计划直方图或时间-成本累积曲线

45. 施工项目成本指标控制的工作包括：①采集成本数据，监测成本形成过程；②制定对策，纠正偏差；③找出偏差，分析原因；④确定成本管理分层次目标。其正确的工作程序是（   ）。

A.④—①—③—②　　　　　　　　　B.①—②—③—④

C.①—③—②—④　　　　　　　　　D.②—④—③—①

46. 在施工成本的过程控制中，需进行包干控制的材料是（   ）。

A.钢丝　　　　　B.水泥　　　　　C.钢筋　　　　　D.石子

47. 某分部分项工程预算单价为300元/m³，计划1个月完成工程量100 m³，实际施工中用了2个月（匀速）完成工程量160 m³，由于材料费上涨导致实际单价为330元/m³，则该分项分部工程的费用偏差为（   ）元。

A.4800　　　　　B.-4800　　　　　C.18000　　　　　D.-18000

48. 下列施工项目综合成本的分析方法中，可以全面了解单位工程的成本构成和降低成本来源的是（   ）。

A.分部分项工程成本分析　　　　　B.月（季）度成本分析

C.竣工成本的综合分析　　　　　　D.年度成本分析

49. 施工成本管理绩效考核方法有很多种，适用于需要定量化考核且考核周期短的企业的方法是（   ）。

A.关键绩效指标法　　　　　　　　B.360° 反馈法

C.平衡积分卡法　　　　　　　　　D.目标管理法

50. 根据《职业健康安全管理体系要求及使用指南》，属于"运行"部分的内容是（   ）。

A.管理评审　　　　　　　　　　　B.危险源辨识

C.理解组织及其所处的环境　　　　D.应急准备和响应

51. 下列施工现场危险源中，属于第一类危险源的是（   ）。

A.存放汽油区域环境不良　　　　　B.工人取用汽油操作不规范

C.汽油存储设备老化　　　　　　　D.现场设置变电站

52. 本单位安全生产的第一负责人是（　　　）。

　　A.项目经理　　　　　　　　　B.企业主要负责人

　　C.项目技术负责人　　　　　　D.总监理工程师

53. 关于施工中一般特种作业人员应具备条件的说法，正确的是（　　　）。

　　A.年满16周岁，且不超过国家法定退休年龄

　　B.具有初中及以上文化程度

　　C.必须为男性

　　D.连续从事本工种10年以上

54. 危险性较大的分部分项工程实行分包并由分包单位编制专项施工方案的，专项施工方案应由（　　　）。

　　A.总承包单位技术负责人及分包单位技术负责人共同审核签字并加盖单位公章

　　B.分包单位技术负责人审核签字并加盖分包单位公章即可

　　C.总承包单位技术负责人审核签字并加盖总承包单位公章即可

　　D.建设单位项目负责人审核签字并加盖建设单位公章

55. 可燃材料堆场及其加工场、固定动火作业场与在建工程的防火间距不应小于（　　　）m。

　　A.2　　　　　　　B.6　　　　　　　C.10　　　　　　　D.15

56. 企业生产安全事故应急预案体系由（　　　）构成。

　　A.综合应急预案、单项应急预案、重点应急预案

　　B.企业应急预案、项目应急预案、人员应急预案

　　C.企业应急预案、职能部门应急预案、项目应急预案

　　D.综合应急预案、专项应急预案、现场处置方案

57. 某施工生产安全事故，造成2人死亡，11人重伤，直接经济损失4500万元，间接经济损失1000万元，则该事故属于（　　　）。

　　A.重大事故　　　　　　　　　B.特别重大事故

　　C.较大事故　　　　　　　　　D.一般事故

58. 一般情况下，负责特别重大事故调查的人民政府应当自收到事故调查报告之日起（　　　）日内作出批复。

　　A.15　　　　　　　B.30　　　　　　　C.60　　　　　　　D.90

通关必做卷二（进阶阶段测试）

59. 在节地措施方面，要求平面布置合理、紧凑，在满足环境、职业健康与安全及文明施工要求的前提下尽可能减少废弃地和死角，临时设施占地面积有效利用率大于（　　　）。

A.80%

B.75%

C.70%

D.90%

60. 昼与夜的噪声排放限度分别是（　　　）dB（A）。

A.70和55

B.75和55

C.70和60

D.80和55

二、多项选择题（共20题，每题2分。每题的备选项中，有2个或2个以上符合题意，至少有1个错项。错选，本题不得分；少选，所选的每个选项得0.5分）

61. 根据《建设工程工程量清单计价规范》，下列费用中，属于措施项目综合单价组成的有（　　　）。

A.规费

B.人工费

C.施工机械使用费

D.税金

E.一定范围内的风险费用

62. 根据《建设工程施工项目经理岗位职业标准》规定，项目经理的权限有（　　　）。

A.主持项目经理部工作

B.参与项目投标及施工合同签订

C.组织编制和落实施工组织设计

D.授权范围内直接与项目相关方沟通

E.组织进行缺陷责任期工程保修工作

63. 下列具体情况中，施工组织设计应及时进行修改或补充的有（　　　）。

A.由于施工规范发生变更导致需要调整预应力钢筋施工工艺

B.由于国际钢材市场价格大涨导致进口钢材无法及时供料，严重影响工程施工

C.由于自然灾害导致工期严重滞后

D.施工单位发现设计图纸存在严重错误，无法继续施工

E.设计单位应业主要求对工程设计图纸进行了细微修改

64. 根据《标准施工招标文件》，发包人的责任和义务有（　　　）。

A.办理工伤保险

B.提供施工场地内的地下管线和地下设施等有关资料

C.负责办理取得出入施工场地的专用和临时道路的通行权

D.负责施工场地周边的环境保护

E.组织设计单位向承包人进行设计交底

65.根据《标准施工招标文件》，监理人发出的变更指示应包括的内容有（　　）。

A.变更目的　　　　　　　　　　B.变更范围

C.变更程序　　　　　　　　　　D.变更内容

E.变更的工程量

66.当事人对建设工程开工日期有争议，关于开工日期认定的说法，正确的有（　　）。

A.开工通知发出后，尚不具备开工条件的，以开工条件具备的时间为开工日期

B.开工日期为建设工程施工合同载明的计划开工日期

C.开工通知发出后，因承包人原因导致开工时间推迟的，以开工条件具备的时间为开工日期

D.发包人或监理人未发出开工通知，亦无相关证据证明实际开工日期的，以施工许可证载明的时间为开工日期

E.承包人经发包人同意实际进场施工的，以实际进场施工时间为开工日期

67.根据《标准施工招标文件》，发包人应负责赔偿第三者人身伤亡和财产损失的情况有（　　）。

A.工地附近小孩进入工地场区引起的意外伤害

B.施工围挡倒塌导致路过行人的伤害

C.发包人现场管理人员的工伤事故

D.工程施工过程中承包人发生安全事故

E.政府相关人员进入施工现场检查时的意外伤害

68.建设工程组织固定节拍流水施工特点有（　　）。

A.专业工作队数等于施工过程数

B.施工过程数等于施工段数

C.各施工段流水节拍相等

D.有的施工段之间可能有空闲时间

E.相邻施工过程之间的流水步距相等

69. 某双代号网络计划如下图所示，绘图的错误有（　　　）。

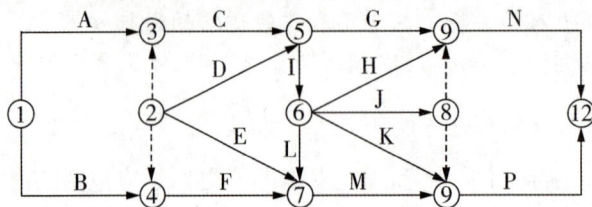

A.有多个起点节点
B.有多个终点节点

C.存在循环回路
D.有多余虚工作

E.节点编号有误

70. 根据《质量管理体系基础和术语》，施工企业质量管理应遵循的原则有（　　　）。

A.过程方法
B.循证决策

C.以内控体系为关注焦点
D.全员积极参与

E.领导作用

71. 对某模板工程表面平整度、截面尺寸、平面水平度、垂直度、标高等项目进行抽样检查，按照排列图法对抽样数据进行统计分析，发现其质量问题累计频率分别为30%、60%、75%、89%和100%，则A类质量问题包括（　　　）。

A.表面平整度
B.垂直度

C.截面尺寸
D.标高

E.平面水平度

72. 施工中对进场水泥质量的重点控制内容包括（　　　）。

A.出厂合格证核对
B.水灰比复验

C.强度复验
D.坍落度试验

E.安定性复验

73. 按照工程质量事故造成损失的程度分级，下列事故中应认定为重大事故的有（　　　）。

A.造成12人死亡的事故
B.造成30人重伤的事故

C.造成直接经济损失6000万元的事故
D.造成重大社会影响的事故

E.造成60人轻伤的事故

74. 编制人工定额时，拟定正常的施工作业条件包括（　　　）。

A.拟定施工作业的内容
B.拟定施工作业地点的组织

C.拟定施工作业的方法　　　　　　　D.拟定施工作业人员的组织

E.拟定施工作业的时间

75. 根据材料使用性质、用途和用量大小划分，材料消耗定额指标的组成有（　　）。

A.主要材料　　　　　　　　　　　　B.辅助材料

C.废弃材料　　　　　　　　　　　　D.周转性材料

E.零星材料

76. 下列施工成本管理的措施中，属于组织措施的有（　　）。

A.编制成本管理工作计划　　　　　　B.确定成本管理工作流程

C.做好资金使用计划　　　　　　　　D.落实各级成本管理人员的职责

E.实行项目经理责任制

77. 下列成本分析工作中，属于综合成本分析的有（　　）。

A.年度成本分析　　　　　　　　　　B.工期成本分析

C.资金成本分析　　　　　　　　　　D.月度成本分析

E.分部分项工程成本分析

78. 下列内容中，属于主要负责人对本单位安全生产工作的法定职责有（　　）。

A.如实记录安全生产教育和培训情况

B.建立健全并落实本单位全员安全生产责任制

C.组织制订并实施本单位安全生产教育和培训计划

D.保证本单位安全生产投入的有效实施

E.组织或者参与本单位应急救援演练

79. 专项施工方案的主要内容包括（　　）。

A.工程概况　　　　　　　　　　　　B.施工工艺技术

C.工程造价的验算　　　　　　　　　D.应急处置措施

E.计算书及相关施工图纸

80. 下列施工归档文件的质量要求中，正确的有（　　）。

A.施工文件应采用碳素墨水、蓝黑墨水等耐久性强的书写材料

B.竣工图章尺寸为60 mm×80 mm

C.工程文件文字材料尺寸宜为A4幅面

D.图纸必须采用国家标准图幅

E.竣工图章应使用不易褪色的印泥，应盖在图标栏上方空白处

通关必做卷三（冲刺阶段测试）

试卷总分：100分

一、单项选择题（共60题，每题1分。每题的备选项中，只有1个最符合题意）

1. 某城市保障性住房项目，总投资100亿元，本项目资本金最低出资额为（   ）亿元。

   A.20　　　　　　　　B.25　　　　　　　　C.30　　　　　　　　D.35

2. 关于施工总承包模式特点的说法，正确的是（   ）。

   A.在开工前就有明确的合同价，有利于业主对总造价的早期控制

   B.施工总承包单位负责项目总进度计划的编制、控制、协调

   C.不需要施工图就可以进行报价

   D.业主需负责施工总承包单位和分包单位的管理与组织协调

3. 某建设工程项目采用施工总承包管理模式，若施工总承包管理单位想承担部分实体工程的施工，则取得施工任务的方式是（   ）。

   A.业主委托　　　　　　　　　　　　B.自行决定

   C.施工总承包单位委托　　　　　　　D.投标竞争

4. 下列项目中，必须实行监理的是（   ）。

   A.高层住宅　　　　　　　　　　　　B.建筑面积为30000 m²的住宅

   C.投资额为2500万元的邮政项目　　　D.投资额为800万元的供热项目

5. 政府质量监督机构在监督检查过程中发现门窗工程质量不合格，并查实是承包商原因造成的，则应签发（   ）。

   A.质量问题整改通知单　　　　　　　B.全部暂停施工指令单

   C.临时收缴资质证书通知单　　　　　D.吊销资质证书通知单

6. 某施工项目管理组织机构如下图所示，其组织形式是（   ）。

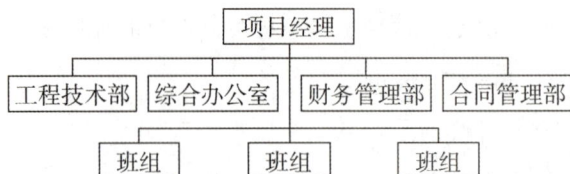

A.直线式   B.直线职能式

C.职能式   D.矩阵式

7. 根据《建设工程施工项目经理岗位职业标准》规定，施工项目经理在项目管理实施规划编制中的职责是（   ）。

A.参与编制   B.组织编制

C.协助编制   D.批准实施

8. 根据《建筑施工组织设计规范》，按照编制对象不同，施工组织设计分为（   ）。

A.施工组织总设计、单位工程施工组织设计、施工方案

B.单位工程施工组织设计、分部分项施工组织设计、施工方案

C.单位工程施工组织设计、施工方案、专项施工指导书

D.施工组织总设计、分部分项施工组织设计、总体施工部署

9. 项目目标动态控制工作包括：①分解项目目标，确定计划值；②目标的分析论证；③收集项目目标的实际值；④定期比较计划值和实际值；⑤纠正偏差。正确的工作流程是（   ）。

A.①③②⑤④   B.②①③④⑤

C.③②①④⑤   D.①②③④⑤

10. 下列项目目标动态控制的纠偏措施中，属于经济措施的是（   ）。

A.完善施工成本节约奖励措施   B.选用高效的施工机具

C.调整项目管理职能分工   D.做好施工合同交底

11. 下列招标人组建的评标委员会中，符合相关法律规定的是（   ）。

A.总人数6人，其中技术、经济等方面的专家3人

B.总人数7人，其中技术、经济等方面的专家4人

C.总人数10人，其中技术、经济等方面的专家8人

D.总人数9人，其中技术、经济等方面的专家7人

12. 下列不同计价方式的合同中，建设单位造价控制最难的是（   ）。

A.单价合同   B.总价合同

C.成本加浮动酬金合同   D.成本加固定百分比酬金合同

13. 企业按规定标准为职工缴纳的工伤保险费应计入建筑安装工程费用的（   ）。

A.人工费   B.措施项目费

C.企业管理费   D.规费

14. 根据《标准施工招标文件》，关于发包人责任和义务的说法，错误的是（   ）。

    A.按专用合同条款约定提供施工场地

    B.提供施工场地内地下管线和地下设施等资料，并保证资料的真实、准确、完整

    C.负责办理法律规定的有关施工证件和批件

    D.负责赔偿工程或工程的任何部分对土地的占用所造成的第三者财产损失

15. 关于暂停施工的说法，不正确的是（   ）。

    A.监理人认为有必要时，并经发包人同意后，可向承包人发出暂停施工的指示

    B.因监理人原因引起暂停施工的，发包人应承担由此增加的费用，承包人承担延误的工期

    C.因紧急情况需暂停施工，在监理人未下达暂停施工指示前，承包人可先暂停施工

    D.因紧急情况需暂停施工，监理人在接到承包人通知后24小时内发出指示，逾期未发出指示，视为同意承包人暂停施工

16. 根据《标准施工招标文件》，关于施工合同变更权利和变更程序的说法，正确的是（   ）。

    A.承包人书面报告发包人后，可根据实际情况对工程进行变更

    B.发包人可以直接向承包人发出变更意向书

    C.监理人应在收到承包人书面建议后30天内作出变更指示

    D.承包人根据合同约定，可以向监理人提出书面变更建议

17. 某工程招标文件中清单工程量为20000 m^3。合同约定：土方工程综合单价为83元/m^3，实际工程增加超过15%时，超过15%部分的工程量综合单价调整为80元/m^3。经监理人确认的实际工程量为27000 m^3，则该土方工程结算金额为（   ）万元。

    A.216.0   B.222.9

    C.222.0   D.224.1

18. 某施工项目因新冠疫情停工2个月，承包人在停工期间发生如下费用和损失：按照发包人要求照管工程发生费用5万元，承包人施工机具损坏损失2万元，已经建成的永久工程损坏损失3万元，疫情过后，发包人要求赶工增加的赶工费用10万元。上述产生的费用和损失中，发包人应承担（   ）万元。

A.18   B.5

C.8   D.20

19. 根据《建设工程项目管理规范》，施工承包风险管理正确的程序是（   ）。

A.风险识别→风险评估→风险应对→风险监控

B.风险计划→风险分析→风险评估→风险应对

C.风险识别→风险分析→风险应对→风险监控

D.风险规划→风险评估→风险自留→风险转移

20. 工程风险管理中，对于特定事件的风险等级应由（   ）间的关系矩阵确定。

A.风险量等级和风险收益等级

B.风险发生概率等级和风险损失等级

C.风险发生概率等级和风险收益等级

D.风险量等级和风险损失等级

21. 影响施工进度的不利因素有很多，其中，最大的干扰因素是（   ）。

A.人为因素   B.技术因素

C.资金因素   D.地质与气象因素

22. 流水施工中某施工过程（专业工作队）在单位时间内所完成的工程量称为（   ）。

A.流水段   B.流水强度

C.流水节拍   D.流水步距

23. 某工程建设中，为安装4台规格型号和基础条件均不相同的设备，需要修筑相应基础工程，施工过程包括基坑开挖、基础处理和浇筑混凝土，各施工过程流水节拍（单位：周）见下表，则该工程的流水施工工期是（   ）周。

施工过程	施工段			
	设备A	设备B	设备C	设备D
基坑开挖	2	3	3	2
基础处理	4	4	3	3
浇筑混凝土	2	3	2	2

A.16   B.17

C.18   D.19

24.某双代号网络计划如下图所示（单位：天），存在的绘图错误是（　　）。

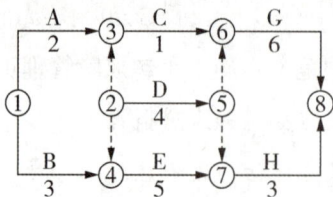

A.工作标识不一致　　　　　　　　　　B.节点编号不连续

C.时间参数有多余　　　　　　　　　　D.有多个起点节点

25.某双代号网络计划如下图所示，关键线路有（　　）条。

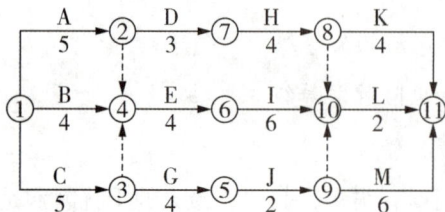

A.3　　　　　　　　B.1　　　　　　　　C.2　　　　　　　　D.4

26.某双代号网络计划如下图所示（单位：天），则工作E的自由时差为（　　）天。

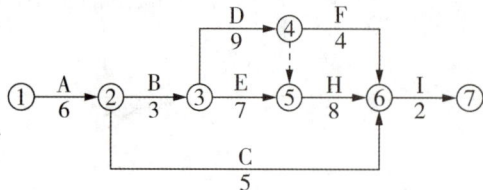

A.15　　　　　　　　B.2　　　　　　　　C.4　　　　　　　　D.0

27.在工程网络计划中，工作M的持续时间为5天，其最早开始时间是第6天。该工作有3项紧后工作，最迟开始时间分别为第16天、18天、20天，则工作M的总时差是（　　）天。

A.3　　　　　　　　　　　　　　　　B.5

C.7　　　　　　　　　　　　　　　　D.8

28.为压缩某些工作的持续时间，通常需要采取相应的措施来达到目的，下列属于组织措施的是（　　）。

A.增加劳动力和施工机械数量　　　　　B.缩短工艺技术间歇时间

C.实行包干奖励　　　　　　　　　　　D.改善施工作业环境

29. 下列影响工程质量的环境因素中，属于技术环境因素的是（　　）。

A.气象条件　　　　　　　　　　　B.设计图纸

C.不可抗力　　　　　　　　　　　D.质量管理制度

30. 企业质量管理体系的认证应由（　　）进行。

A.企业最高管理者　　　　　　　　B.政府相关主管部门

C.公正的第三方认证机构　　　　　D.企业所属的行业协会

31. 工程统计分析相关图如下图所示，表明反映产品质量特征的变量之间存在（　　）关系。

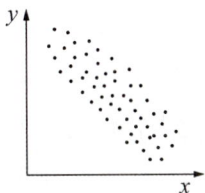

A.负相关　　　　B.正相关　　　　C.弱正相关　　　　D.弱负相关

32. 采用直方图法分析工程质量状况时，将两种不同工艺方法产生的数据混在一起，可能绘制出（　　）直方图。

A.孤岛型　　　　B.双峰型　　　　C.折齿型　　　　D.峭壁型

33. 下列施工质量控制工作中，属于事前控制的是（　　）。

A.编制施工质量计划　　　　　　　B.约束质量活动的行为

C.监督质量活动过程　　　　　　　D.处理施工质量的缺陷

34. 建设工程施工质量验收时，分部工程的划分一般按（　　）确定。

A.施工工艺、设备类别　　　　　　B.专业性质、工程部位

C.专业类别、工程规模　　　　　　D.材料种类、施工程序

35. 根据质量事故产生的原因，属于管理原因引发的质量事故是（　　）。

A.采用不适宜施工方法引发的质量事故

B.材料检验不严引发的质量事故

C.盲目追求利润引发的质量事故

D.地质情况估计错误

36. 某工程施工中，混凝土结构出现宽度0.3 mm的裂缝，且裂缝较深，但不影响结构的安全和使用，则采用的处理方法是（　　）。

A.灌浆修补法   B.表面密封法

C.嵌缝密闭法   D.纤维加固法

37.下列施工过程中所发生的费用，属于间接成本的是（　　）。

A.人工费   B.措施费

C.项目部固定资产折旧费   D.施工机具使用费

38.关于工期成本和质量成本的说法，正确的是（　　）。

A.一般情况下，直接成本会随着工期缩短而减少

B.一般情况下，间接成本会随着工期缩短而增加

C.一般情况下，质量控制成本增加，质量损失成本就会减少

D.一般情况下，质量控制成本减少，质量损失成本就会减少

39.下列建设工程定额中，属于企业定额性质的是（　　）。

A.施工定额   B.预算定额

C.概算定额   D.概算指标

40.编制某施工机械台班使用定额，测定该机械纯工作1小时的生产率为6 m³，机械利用系数平均为80%，工作班延续时间为8小时，则该机械的台班产量定额为（　　）m³。

A.38.4   B.48   C.60   D.64

41.下列成本计划中，用于确定项目经理的责任成本目标的是（　　）。

A.指导性成本计划   B.竞争性成本计划

C.响应性成本计划   D.实施性成本计划

42.建设工程项目施工成本按构成要素可分解为（　　）。

A.直接费、间接费、利润、税金等

B.单位工程施工成本、分部工程施工成本、分项工程施工成本等

C.人工费、材料费、施工机具使用费、措施项目费等

D.人工费、材料费、施工机具使用费、企业管理费等

43.关于施工成本控制程序的说法，正确的是（　　）。

A.管理行为控制程序是成本全过程控制的重点

B.指标控制程序是对成本进行过程控制的基础

C.管理行为控制程序和指标控制程序在实施过程中既相对独立又相互联系

D.管理行为控制程序是项目施工成本结果控制的主要内容

44. 某施工项目部根据以往项目的材料实际耗用情况，结合具体施工项目要求，制定领用材料标准控制发料。这种材料用量控制方法是（　　）。

　　A.定额控制　　　　　　　　　　　　B.指标控制

　　C.计量控制　　　　　　　　　　　　D.包干控制

45. 某工程中期检查时，已完工程预算费用为820万元，拟完工程预算费用为800万元，已完工作实际费用为860万元。则中期检查时，该工程的费用绩效指数为（　　）。

　　A.1.025　　　　　　B.0.930　　　　　　C.1.075　　　　　　D.0.953

46. 关于施工成本分析依据的说法，正确的是（　　）。

　　A.统计核算只可以用货币计算

　　B.业务核算主要是价值核算

　　C.统计核算的计量尺度比会计核算窄

　　D.业务核算可以对尚未发生的经济活动进行核算

47. 施工项目成本分析的基础是（　　）。

　　A.分部分项工程成本分析　　　　　　B.单位工程成本分析

　　C.月度成本分析　　　　　　　　　　D.单项工程成本分析

48. 根据职业健康安全管理体系标准各要素与PDCA的对应关系，PDCA循环中"D"环节指的是（　　）。

　　A.策划　　　　　　　　　　　　　　B.支持和运行

　　C.改进　　　　　　　　　　　　　　D.绩效评价

49. 下列施工安全管理制度中，最基本也是所有制度核心的是（　　）。

　　A.全员安全生产责任制　　　　　　　B.安全生产教育培训制度

　　C.安全检查制度　　　　　　　　　　D.安全措施计划制度

50. 对建设工程来说，新员工上岗前的三级安全教育具体应由（　　）负责实施。

　　A.公司、项目、班组　　　　　　　　B.企业、工区、施工队

　　C.企业、公司、工程处　　　　　　　D.工区、施工队、班组

51. 施工企业在安全生产许可证有效期内严格遵守有关安全生产的法律法规，未发生死亡事故的，安全生产许可证期满时，经原安全生产许可证的颁发管理机关同意，可不经审查延长有效期（　　）年。

　　A.1　　　　　　　　B.2　　　　　　　　C.5　　　　　　　　D.3

52. 根据《建设工程安全生产管理条例》，施工单位针对达到一定规模的危险性较大的分部分项工程编制的专项施工方案，须经（　　　）签字后实施。

    A.建设单位项目负责人和总监理工程师

    B.总监理工程师和设计单位项目负责人

    C.施工单位技术负责人和总监理工程师

    D.施工单位技术负责人和建设单位项目负责人

53. 在脚手架的施工层应设有1.2 m高防护栏杆和（　　　）高的挡脚板。

    A.18～20 cm   B.10～18 cm

    C.5～10 cm   D.20～50 cm

54. 企业应急预案经评审或者论证后，由（　　　）签署，向本单位从业人员公布。

    A.本单位主要负责人   B.项目经理

    C.建设行政主管部门负责人   D.质量监督机构负责人

55. 事故报告后出现新情况的，应当及时补报。道路交通事故、火灾事故自发生之日起（　　　）日内，事故造成的伤亡人数发生变化的，应当及时补报。

    A.3   B.7   C.15   D.30

56. 建设工程安全事故调查组应当提交事故调查报告的时间为（　　　）。

    A.自事故发生之日起30日内   B.自调查组成立之日起30日内

    C.自调查组成立之日起60日内   D.自事故发生之日起60日内

57. 施工单位应建立以（　　　）为第一责任人的绿色施工管理体系，制定绿色施工管理制度，负责绿色施工的组织实施。

    A.企业法定代表人   B.项目经理

    C.项目技术负责人   D.企业主要负责人

58. 在节能措施方面，照明设计以满足最低照度为原则，照度不应超过最低照度的（　　　）。

    A.10%   B.30%

    C.20%   D.50%

59. "五牌一图"指的是工程概况牌、管理人员名单及监督电话牌、消防保卫牌及（　　　）。

    A.危险源标示牌、文明施工牌、建筑效果图

B.安全生产牌、施工人员现场出入牌、建筑效果图

C.施工人员现场出入牌、危险源标示牌、施工现场总平面图

D.安全生产牌、文明施工牌、施工现场总平面图

60. 根据《建设工程项目管理规范》，项目管理规划应包括的内容是（　　）。

A.项目管理规划大纲和项目管理策划

B.项目管理策划和项目质量实施规划

C.项目管理配套策划和项目管理实施策划

D.项目管理规划大纲和项目管理实施规划

二、多项选择题（共20题，每题2分。每题的备选项中，有2个或2个以上符合题意，至少有1个错项。错选，本题不得分；少选，所选的每个选项得0.5分）

61. 根据《建设工程施工项目经理岗位职业标准》规定，项目经理的职责有（　　）。

A.参与分包合同的签订　　　　　　　　B.决定授权范围内的资源使用

C.参与竣工验收　　　　　　　　　　　D.组织制定项目管理岗位职责

E.主持工地例会

62. 项目施工过程中，需要对施工组织设计进行修改或补充的情形有（　　）。

A.设计单位应业主要求对楼梯部分进行局部修改

B.某桥梁工程由于新规范的实施而需要重新调整施工工艺

C.由于自然灾害导致施工资源的配置有重大变更

D.施工单位发现设计图纸存在重大错误需要修改工程设计

E.某钢结构工程施工期间，钢材价格上涨

63. 一般情况下，固定总价合同适用的情形有（　　）。

A.抢险、救灾工程

B.工程内容和工程量一时不能明确

C.工程结构简单，风险小

D.工程量小、工期短，工程条件稳定

E.工程设计详细，图纸完整、清楚，工程任务和范围明确

64. 根据《标准施工招标文件》，下列导致承包人费用增加和工期延误的索赔事件中，承包人能同时获得费用、工期和利润补偿的有（　　）。

A.遇到不可预见的不利物质条件

B.发包人提供图纸延误

C.监理人对隐蔽工程重新检验且结果合格

D.异常恶劣的气候条件

E.不可抗力

65. 履约担保的形式包括（　　）。

A.信用证明 　　　　　　　　　B.银行履约保函

C.房屋抵押权证 　　　　　　　D.履约担保书

E.履约保证金

66. 建设工程采用加快的成倍节拍流水施工的特点有（　　）。

A.所有施工过程在各个施工段的流水节拍相等

B.相邻施工过程的流水步距不尽相等

C.施工段之间没有空闲时间

D.专业工作队数等于施工过程数

E.专业工作队在施工段上能够连续作业

67. 某工程网络计划工作逻辑关系如下表所示，则工作A的紧后工作有（　　）。

工　作	A	B	C	D	E	G	H
紧前工作	—	A	A、B	A、C	C、D	A、E	E、G

A.工作B 　　　　　　　　　　B.工作C

C.工作D 　　　　　　　　　　D.工作E

E.工作G

68. 某工程双代号时标网络计划，在第6周末进行检查得到实际进度前锋线如下图所示，下列说法正确的有（　　）。

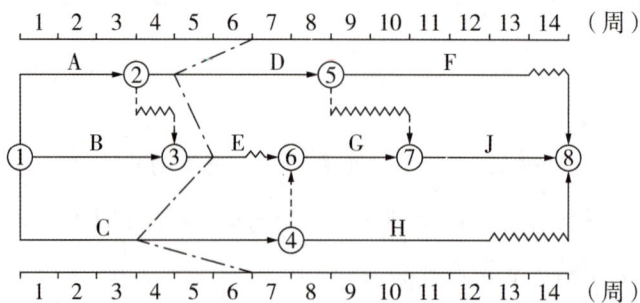

A.工作D实际进度拖后2周，将使其后续工作F的最早开始时间推迟2周

B.工作D实际进度拖后2周，不影响总工期

C.工作E实际进度拖后1周，不影响总工期

D.工作E实际进度拖后1周，将使其后续工作G的最早开始时间推迟1周

E.工作C实际进度拖后3周，使总工期延长3周

69.下列建设工程施工质量保证体系的内容中，属于组织保证体系的有（　　）。

A.进行技术培训 　　　　　　　　B.成立质量管理小组

C.编制施工质量计划 　　　　　　D.分解施工质量目标

E.建立质量信息系统

70.采用排列图法分析工程质量影响因素时，可将影响因素分为（　　）。

A.偶然因素 　　　　　　　　　　B.主要因素

C.系统因素 　　　　　　　　　　D.次要因素

E.一般因素

71.工程质量验收时，需要进行观感质量验收的质量控制对象有（　　）。

A.工序 　　　　　　　　　　　　B.分部工程

C.单位工程 　　　　　　　　　　D.检验批

E.分项工程

72.某工程因片面追求施工进度，放松质量监控，在浇筑楼面混凝土时脚手架坍塌，造成10人死亡，15人受伤。按照事故造成的损失及事故责任分类，则该工程质量事故应判定为（　　）。

A.特别重大事故 　　　　　　　　B.较大质量事故

C.重大质量事故 　　　　　　　　D.指导责任事故

E.操作责任事故

73.影响建设工程周转性材料消耗的因素有（　　）。

A.第一次制造时的材料消耗

B.施工工艺流程

C.每周转使用一次时的材料损耗

D.周转使用次数

E.周转材料的最终回收和回收折价

74. 某工程按月编制的成本计划如下图所示，若6月、7月实际完成的成本分别为700万元和1000万元，其余月份的实际成本与计划相同，则关于成本偏差的说法，正确的有（　　）。

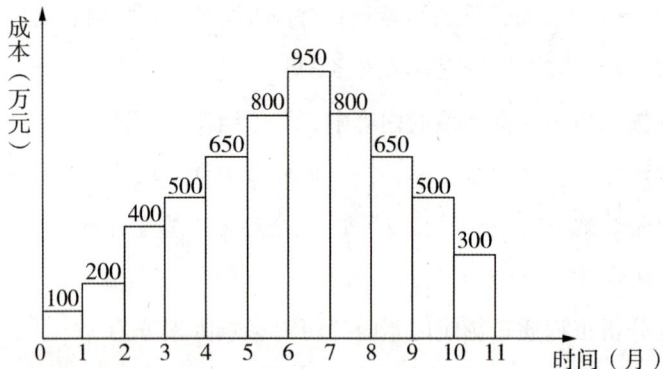

A.第6个月末的实际成本累计值为2550万元

B.第6个月末的计划成本累计值为2650万元

C.第7个月末的实际成本累计值为3550万元

D.第7个月末的计划成本累计值为3500万元

E.若绘制S形曲线，全部工作必须按照最早开工时间计算

75. 施工成本分析可采用的基本方法有（　　）。

A.专家意见法　　　　　　　　　B.比较法

C.比率法　　　　　　　　　　　D.因素分析法

E.差额计算法

76. 施工现场的危险源中，属于第二类危险源的有（　　）。

A.焊工焊接不规范　　　　　　　B.洞口临边缺少防护

C.机械设备缺乏维护保养　　　　D.现场管理措施缺失

E.现场存放燃油

77. 对施工特种作业人员安全教育的管理要求有（　　）。

A.特种作业操作证每5年审核一次

B.上岗作业前必须进行专门的安全技术培训并考试合格

C.特种作业操作证有效期届满需要延期换证的，安全培训时间不少于8个学时

D.跨省、自治区、直辖市从业的特种作业人员，必须在户籍所在地参加培训

E.特种作业操作证的复审时间可有条件延长至6年一次

78. 根据《建设工程安全生产管理条例》，施工单位应当组织专家进行专项施工方案论证的有（　　）。

A.脚手架工程

B.拆除爆破工程

C.深基坑工程

D.地下暗挖工程

E.高大模板工程

79. 建设工程施工安全技术交底的主要内容包括（　　）。

A.事故报告的程序与基本要求

B.施工项目的施工作业特点和危险点

C.作业过程中应注意的安全事项

D.针对危险点的具体预防措施

E.发生事故后应采取的避难和急救措施

80. 下列施工文件档案资料中，属于质量控制文件的有（　　）。

A.施工日志

B.见证记录

C.质量事故报告及处理资料

D.见证取样和送检人员备案表

E.图纸会审记录

第三部分

参考答案及解析

答案速查

夯实基础

第一章 施工组织与目标控制						
工程项目投资管理与实施	1. C	2. A	3. A	4. B	5. A	6. A	7. A
	8. B	9. A	10. A	11. A	12. B	13. C	14. B
	15. BCE	16. ADE	17. ABE				
施工项目管理组织与项目经理	1. C	2. D	3. B	4. D	5. B	6. ADE	
施工组织设计与项目目标动态控制	1. D	2. B	3. B	4. B	5. A	6. A	7. BCE
	8. BC	9. ABD	10. BCD				

第二章 施工招标投标与合同管理						
施工招标投标	1. C	2. C	3. B	4. B	5. C	6. D	7. C
	8. A	9. A	10. B	11. A	12. D	13. D	14. ACD
	15. BD	16. ACDE	17. ABE	18. BDE	19. ABDE	20. BC	
合同管理	1. D	2. A	3. D	4. C	5. C	6. C	7. D
	8. D	9. B	10. D	11. C	12. C	13. D	14. B
	15. B	16. C	17. A	18. A	19. D	20. C	21. B
	22. A	23. C	24. C	25. ADE	26. BC	27. ABCD	28. ABCE
	29. ABE	30. ABC	31. BCD	32. ACDE	33. ACE	34. ABCD	
施工承包风险管理及担保保险	1. C	2. C	3. D	4. B	5. A	6. D	7. B
	8. D	9. BCD	10. ABE	11. ABE	12. BDE	13. ABE	

第三章 施工进度管理						
施工进度影响因素与进度计划系统	1. B	2. B	3. ACD				
流水施工进度计划	1. C	2. B	3. B	4. C	5. AC	6. ACE	7. ACD
	8. ABC	9. ACE	10. ACE	11. BD			

工程网络计划技术	1. D	2. B	3. A	4. B	5. D	6. D	7. D
	8. A	9. B	10. D	11. C	12. B	13. B	14. B
	15. C	16. A	17. D	18. D	19. A	20. A	21. D
	22. ADE	23. ACD	24. BE	25. AE	26. BC	27. AB	28. BCE
施工进度控制	1. A	2. C	3. B	4. A	5. B	6. BD	

第四章 施工质量管理							
施工质量影响因素及管理体系	1. A	2. A	3. C	4. D	5. B	6. D	7. D
	8. B	9. ACD	10. ACD	11. ABCE	12. AE		
施工质量抽样检验和统计分析方法	1. D	2. A	3. A	4. A	5. D	6. D	7. A
	8. A	9. CD	10. BDE				
施工质量控制	1. D	2. B	3. A	4. C	5. B	6. C	7. B
	8. D	9. ACE	10. BDE				
施工质量事故预防与调查处理	1. A	2. B	3. B	4. D	5. C	6. A	7. A
	8. D	9. C	10. ABDE	11. ACE	12. BDE	13. ABE	

第五章 施工成本管理							
施工成本影响因素及管理流程	1. D	2. A	3. ABDE	4. ACDE	5. BCE		
施工定额的作用及编制方法	1. C	2. A	3. C	4. B	5. C	6. A	7. C
	8. BDE	9. ABD	10. BC	11. BCD	12. CDE	13. CD	14. ACDE
	15. CDE						
施工成本计划	1. A	2. B	3. D	4. C	5. A	6. ABCD	7. BCD
施工成本控制	1. C	2. C	3. C	4. ABDE	5. DE	6. ADE	7. BDE
	8. ABDE	9. AB					
施工成本分析与管理绩效考核	1. A	2. B	3. A	4. B	5. C	6. D	7. A
	8. A	9. D	10. D	11. A	12. A	13. A	14. A
	15. A	16. A	17. C	18. C	19. D	20. D	21. B
	22. ABDE	23. BCDE	24. BCD	25. ADE	26. ADE		

第六章 施工安全管理							
职业健康安全管理体系	1. D	2. D	3. B	4. D	5. B		
施工生产危险源与安全管理制度	1. A	2. B	3. B	4. D	5. B	6. D	7. B
	8. C	9. B	10. C	11. C	12. B	13. ABD	14. ABCD
	15. ACD						

续表

专项施工方案及施工安全技术管理	1. C	2. D	3. B	4. D	5. D	6. D	7. D
	8. ABDE	9. BDE	10. BCE				
施工安全事故应急预案和调查处理	1. B	2. D	3. B	4. D	5. D	6. A	7. D
	8. B	9. D	10. C	11. D	12. A	13. ABCE	
第七章 绿色施工及环境管理							
绿色施工管理	1. D	2. B	3. ABDE	4. BDE	5. ABD		
施工现场环境管理	1. A	2. B	3. D				
第八章 施工文件归档管理及项目管理新发展							
施工文件归档管理	1. D	2. C	3. BDE	4. ACE			
项目管理新发展	1. A	2. B	3. A				

巩固提升

通关必做卷一（基础阶段测试）

单选题						
1. C	2. C	3. B	4. A	5. C	6. D	7. B
8. B	9. B	10. C	11. C	12. D	13. C	14. D
15. D	16. B	17. A	18. A	19. A	20. A	21. D
22. A	23. B	24. B	25. B	26. D	27. B	28. B
29. D	30. B	31. C	32. B	33. C	34. C	35. A
36. D	37. C	38. B	39. B	40. A	41. B	42. B
43. C	44. B	45. B	46. B	47. C	48. A	49. C
50. D	51. D	52. C	53. B	54. B	55. D	56. D
57. C	58. C	59. C	60. C			

多选题						
61. ADE	62. CDE	63. BCE	64. CD	65. ABCD	66. ABE	67. ABC
68. BC	69. BCDE	70. BDE	71. BDE	72. ABCE	73. AE	74. ABDE
75. BCDE	76. ACE	77. ACD	78. BCE	79. ACE	80. BDE	

通关必做卷二（进阶阶段测试）

单选题						
1. D	2. D	3. D	4. C	5. B	6. A	7. B
8. B	9. C	10. A	11. A	12. A	13. D	14. C
15. A	16. C	17. D	18. B	19. C	20. C	21. A
22. D	23. C	24. D	25. B	26. D	27. B	28. D
29. B	30. A	31. C	32. B	33. A	34. A	35. A
36. B	37. B	38. D	39. A	40. C	41. B	42. C
43. D	44. D	45. A	46. A	47. B	48. C	49. A
50. D	51. D	52. B	53. B	54. A	55. C	56. D
57. C	58. B	59. D	60. A			

多选题						
61. BCE	62. ABD	63. ABCD	64. BCE	65. ABDE	66. AE	67. ABE
68. ACE	69. ADE	70. ABDE	71. ACE	72. ACE	73. AC	74. ABCD
75. ABDE	76. ABDE	77. ADE	78. BCD	79. ABDE	80. ACE	

续表

			通关必做卷三（冲刺阶段测试）				
单选题	1. A	2. A	3. D	4. A	5. A	6. B	7. B
	8. A	9. B	10. A	11. D	12. D	13. D	14. C
	15. B	16. D	17. B	18. A	19. A	20. B	21. A
	22. B	23. C	24. D	25. A	26. B	27. B	28. A
	29. B	30. C	31. D	32. B	33. A	34. B	35. B
	36. A	37. C	38. C	39. A	40. A	41. A	42. D
	43. C	44. B	45. D	46. D	47. A	48. B	49. A
	50. A	51. D	52. C	53. A	54. A	55. B	56. D
	57. B	58. C	59. D	60. D			
多选题	61. CDE	62. BCD	63. CDE	64. BC	65. BDE	66. CE	67. ABCE
	68. ACE	69. BE	70. BDE	71. BC	72. CD	73. ACDE	74. ABC
	75. BCDE	76. ABCD	77. BCE	78. CDE	79. BCDE	80. BCD	

夯实基础

第1章　施工组织与目标控制

1.1　工程项目投资管理与实施

一、单项选择题

1.【参考答案】C

【学天解析】对项目来说，项目资本金是非债务性资金，项目法人不承担这部分资金的任何利息和债务。投资者可按其出资的比例依法享有所有者权益，也可转让其出资，但不得以任何方式抽回。

2.【参考答案】A

【学天解析】保障性住房项目的资本金占项目总投资的最低比率为20%，则该项目资本金最低出资额=100亿元×20%=20（亿元）。

3.【参考答案】A

【学天解析】对于社会公益服务、公共基础设施、农业农村、生态环境保护、重大科技进步、社会管理、国家安全等领域的非经营性项目，政府投资资金按项目安排，以直接投资方式为主。对确需支持的经营性项目，政府投资资金主要采取资本金注入方式投入，也可适当采取投资补助、贷款贴息等方式进行引导。

4.【参考答案】B

【学天解析】项目资本金，是指在项目总投资中由投资者认缴的出资额。这里的总投资，是指投资项目的固定资产投资与铺底流动资金之和。

5.【参考答案】A

【学天解析】B选项错误，整个项目的总进度计划是由业主编制的。C选项错误，采用施工总承包模式，投标人通常以施工图设计为基础进行投标报价。D选项错误，分包单位的管理和组织协调工作是由施工总承包单位来做的。

6.【参考答案】A

【学天解析】在通常情况下，分包单位由业主通过招标选择，并由业主与分包单位直接签订合同。但在业主要求且施工总承包管理单位同意的前提下，分包合同也可由施工总承包管理单位与分包单位签订。

7.【参考答案】A

【学天解析】采用平行承包模式的特点：①有利于建设单位择优选择承包单位；

②有利于控制工程质量；③有利于缩短建设工期；④组织管理和协调工作量大；⑤工程造价控制难度大；⑥相对于总分包模式而言，平行承包模式不利于发挥那些技术水平高、综合管理能力强的承包单位的综合优势。

8.【参考答案】B

【学天解析】A选项错误，建设单位组织协调工作量小。C选项错误，合作体与建设单位签订施工承包意向合同（也称基本合同）。达成协议后，各施工单位再分别与建设单位签订施工合同。D选项错误，合作体之间有合作愿望，但又出于自主性要求，或彼此之间信任度不够，未采取联合体捆绑式经营方式。B选项正确，当合作体内某一家施工单位倒闭破产时，其他成员单位及合作体机构不承担其施工合同的经济责任，相应风险将由建设单位承担。

9.【参考答案】A

【学天解析】B选项错误，建筑面积为50000 m^2以上的住宅必须实行监理，为了保证住宅质量，对高层住宅及地基、结构复杂的多层住宅应当实行监理。C、D选项错误，投资额为3000万元以上的铁路项目和供热项目必须实行监理。学校、影剧院、体育场馆项目必须实行监理。

10.【参考答案】A

【学天解析】施工单位应参加由建设单位主持召开的第一次工地会议。在会上，施工单位应介绍派驻现场的组织机构、人员及其职责分工，以及施工准备情况。会议纪要由项目监理机构负责整理，与会各方代表会签。

11.【参考答案】A

【学天解析】工程施工有下列情形之一的，总监理工程师将会及时签发工程暂停令：①建设单位要求暂停施工且工程需要暂停施工的；②施工单位未经批准擅自施工或拒绝项目监理机构管理的；③施工单位未按审查通过的工程设计文件施工的；④施工单位未按批准的施工组织设计、（专项）施工方案施工或违反工程建设强制性标准的；⑤施工存在重大质量、安全事故隐患或发生质量、安全事故的。

12.【参考答案】B

【学天解析】质量监督机构主要监督质量行为和实体质量，对于地基基础的混凝土强度进行监督，是监督工程实体质量。监督质量行为主要是资质类、手续类。

13.【参考答案】C

【学天解析】在工程项目开工前，监督机构接受建设单位有关建设工程质量监督的申报手续，并对建设单位提供的有关文件进行审查，审查合格签发有关质量监督文件。

14.【参考答案】B

【学天解析】工程质量监督报告必须由工程质量监督负责人签认，经工程质量监督机构负责人审核同意并加盖单位公章后出具。

二、多项选择题

15.【参考答案】BCE

【学天解析】联合体承包模式具有以下特点：①与施工总承包模式相同，建设单位的合同结构简单，组织协调工作量小，有利于工程造价和施工工期控制；②可以集中联合体各成员单位在资金、技术和管理等方面的特长和优势，克服一家单位力不能及的困难，有利于增强竞争能力和抗风险能力。

16.【参考答案】ADE

【学天解析】B、C选项属于专业监理工程师的职责。

17.【参考答案】ABE

【学天解析】总监理工程师不得将下列工作委托给总监理工程师代表：①组织编制监理规划，审批监理实施细则；②根据工程进展及监理工作情况调配监理人员；③组织审查施工组织设计、（专项）施工方案；④签发工程开工令、暂停令和复工令；⑤签发工程款支付证书，组织审核竣工结算；⑥调解建设单位与施工单位的合同争议，处理工程索赔；⑦审查施工单位的竣工申请，组织工程竣工预验收，组织编写工程质量评估报告，参与工程竣工验收；⑧参与或配合工程质量安全事故的调查和处理。

1.2 施工项目管理组织与项目经理

一、单项选择题

1.【参考答案】C

【学天解析】责任矩阵可以非常方便地进行责任检查，横向检查可以确保每项工作有人负责，纵向检查可以确保每个人至少负责一件"事"。基于管理活动的工作量估算，还可从横向上统计每个活动的总工作量，从纵向上统计每个角色投入的总工作量。

2.【参考答案】D

【学天解析】直线职能式组织机构既保持了直线式统一指挥的特点，又满足了职能式对管理工作专业化分工的要求。其主要优点是集中领导、职责清楚，有利于提高管理效率。但这种组织机构中各职能部门之间的横向联系差，信息传递路线长，职能部门与指挥部门之间容易产生矛盾。

3.【参考答案】B

【学天解析】强矩阵式结构中，项目经理由企业最高领导任命，并全权负责项目。项目经理直接向最高领导负责，项目组成员的绩效完全由项目经理进行考核，项目组成员只对项目经理负责。

4.【参考答案】D

【学天解析】施工项目经理是指具备相应任职条件，由企业法定代表人授权对施工项目进行全面管理的责任人。

5.【参考答案】B

【学天解析】承包人更换项目经理应事先征得建设单位同意，并应在更换14天前通知发包人和监理人。

二、多项选择题

6.【参考答案】ADE

【学天解析】任务执行者在项目管理中通常有三种角色，包括负责人P（Principal）、支持者或参与者S（Support）、审查者R（Review）。

1.3 施工组织设计与项目目标动态控制

一、单项选择题

1.【参考答案】D

【学天解析】实施策划的工作内容中，策划准备工作包括成立策划领导小组、移交资料和交底、编制施工调查提纲、组织进行施工调查。

2.【参考答案】B

【学天解析】施工组织总设计应由总承包单位技术负责人审批；单位工程施工组织设计应由施工单位技术负责人或技术负责人授权的技术人员审批，施工方案应由项目技术责人审批；重点、难点分部（分项）工程和专项工程施工方案应由施工单位技术部门组织相关专家评审，施工单位技术负责人批准。

3.【参考答案】B

【学天解析】施工部署是指对工程施工过程进行的统筹规划和全面安排，包括工程项目施工目标、进度安排及空间组织、施工组织安排等。

4.【参考答案】B

【学天解析】AC选项属于合同措施，D选项属于技术措施。

5.【参考答案】A

【学天解析】企业工程管理部门应负责编制施工调查提纲，并组织有关人员进行施工调查。

6.【参考答案】A

【学天解析】财务管理部门负责策划的内容有：①提出项目效益目标、增收创效目标；②明确施工成本管理的重点工作事项；③提出施工成本管理绩效考核要求；④提出工程投保管理要求。B、D选项属于人力资源管理部门负责策划的内容，C选项属于工程管理部门负责策划的内容。

二、多项选择题

7.【参考答案】BCE

【学天解析】按编制对象不同，施工组织设计可分为三个层次：施工组织总设计、单位工程施工组织设计和施工方案。

8.【参考答案】BC

【学天解析】A选项属于施工组织总设计的内容。D选项属于施工方案的内容，但不属于单位工程施工组织设计的内容。E选项属于单位工程施工组织设计的内容，但不属于施工方案的内容。

9.【参考答案】ABD

【学天解析】施工组织设计的编制依据有：①工程建设有关法律法规及政策；②工程建设标准和技术经济指标；③工程设计文件；④工程招标投标文件或施工合同文件；⑤工程现场条件，工程地质及水文地质、气象等自然条件；⑥与工程有关的资源供应情况；⑦施工单位的生产能力、机具设备状况及技术水平等。

10.【参考答案】BCD

【学天解析】技术措施包括：编制施工组织设计、施工方案并对其技术可行性进行审查、论证；改进施工方法和施工工艺，采用更先进的施工机具；采用新技术、新材料、新工艺、新设备等"四新"技术并组织专家论证其可靠性和适用性等。A、E选项属于组织措施。

第2章 施工招标投标与合同管理

2.1 施工招标投标

一、单项选择题

1.【参考答案】C

【学天解析】招标人应按照资格预审公告规定的时间、地点发售资格预审文件。资格预审文件的发售期不得少于5日。潜在投标人或者其他利害关系人对资格预审文件有异议的，应在提交资格预审申请文件截止时间2日前向招标人提出。招标人应自收到异议之日起3日内作出答复。作出答复前，应暂停招标投标活动。

2.【参考答案】C

【学天解析】固定总价合同一般适用于下列情形：①招标时已有施工图设计文件，施工任务和发包范围明确，合同履行中不会出现较大设计变更；②工程规模较小、技术不太复杂的中小型工程或承包工作内容较为简单的工程部位，施工单位可在投标报价时合理地预见施工过程中可能遇到的各种风险；③工程量小、工期较短（一般为1年之内），合同双方可不必考虑市场价格浮动对承包价格的影响。

3.【参考答案】B

【学天解析】根据《中华人民共和国民法典》，要约和承诺是订立合同的必经环节。建设单位招标属于要约邀请，建筑施工企业投标属于要约，这是签订施工合同的重要环节。

4.【参考答案】B

【学天解析】A选项错误，固定总价合同适用于工程量小、工期短、技术简单、图纸完备的工程。C选项错误，承包商在投标阶段的报价失误，由承包商自己承担责任，总价不能调整。D选项错误，采用固定总价合同形式，施工单位要考虑承担合同履行中的主要风险，因此在投标时会报较高价格。

5.【参考答案】C

【学天解析】单价合同的特点是单价优先，业主给出的工程量清单表中的数字是参考数字，而实际工程款则按实际完成的工程量和合同中确定的单价计算。

6.【参考答案】D

【学天解析】固定单价合同条件下，无论发生哪些影响价格的因素都不对单价进行调整，因而对承包商而言存在一定的风险。

7.【参考答案】C

【学天解析】成本加酬金合同大多适用于边设计、边施工的紧急工程或灾后修复工程。由于在签订合同时，建设单位还无法为施工单位提供据以报价的详细资料，因而在合同中只能约定酬金计取方式，A、B选项错误。对承包商而言，成本加酬金合同几乎没什么风险，风险主要由业主承担，对业主的投资控制很不利，C选项正确，D选项错误。

8.【参考答案】A

【学天解析】成本加固定百分比酬金合同。施工单位可获得的酬金将随着直接成本的增加而增加。因此，这种合同虽在签订时简单易行，但不能激励施工单位缩短工期和降低成本。B选项，虽不能鼓励施工单位关心降低直接成本，但从尽快获得全部酬金、减少管理投入出发，施工单位会关心缩短工期。C、D选项，能促使施工单位关心成本降低和缩短工期。

9.【参考答案】A

【学天解析】总价合同，施工承包单位承担的风险比单价合同以及成本加酬金合同的大。

10.【参考答案】B

【学天解析】综合单价＝人、料、机总费用×（1＋管理费率）×（1＋利润率）/清单工程量＝（130000＋30000＋50000）×（1＋15%）×（1＋6%）/4000＝64.00（元/m³）。

11.【参考答案】A

【学天解析】分部分项工程和措施项目中的单价项目，应依据招标文件及招标工程量清单中的项目特征描述确定综合单价。当招标文件描述的项目特征与设计图纸不符时，投标人应以招标文件描述的项目特征确定综合单价。

12.【参考答案】D

【学天解析】安全文明施工费、规费和税金不得作为竞争性费用。

13.【参考答案】D

【学天解析】A选项错误，密封的施工投标文件应在投标截止日前在招标文件载明的地点递交招标人。B选项错误，投标文件需要盖有投标企业公章，且由投标人法定代表人签名或盖章。C选项错误，投标文件应对招标文件提出的实质性要求和条件做出响应，一般不带任何附加条件，否则会导致废标。

二、多项选择题

14.【参考答案】ACD

【学天解析】采用邀请招标方式的优点是不需要发布招标公告和设置资格预审程

序，可节约招标费用、缩短招标时间。而且，由于招标人比较了解投标人以往业绩和履约能力，可减少合同履行过程中承包商违约的风险。

15.【参考答案】BD

【学天解析】A、C、E选项属于总价措施项目。

16.【参考答案】ACDE

【学天解析】其他项目清单包含的内容有暂列金额、暂估价、计日工和总承包服务费。

17.【参考答案】ABE

【学天解析】暂列金额是招标人在工程量清单中暂定并包括在合同价款中的一笔款项。它是用于施工合同签订时尚未确定或者不可预见的所需材料、设备、服务采购，施工中可能发生的工程变更、合同约定调整因素出现时的合同价款调整以及发生的索赔、现场签证确认等的费用。

18.【参考答案】BDE

【学天解析】规费项目清单应按照下列内容列项：社会保险费，包括养老保险费、失业保险费、医疗保险费、工伤保险费、生育保险费；住房公积金。

19.【参考答案】ABDE

【学天解析】分部分项工程综合单价包括人工费、材料费、施工机具使用费、企业管理费和利润，以及一定范围的风险费用。

20.【参考答案】BC

【学天解析】施工投标报价策略–报价技巧。A选项错误，设计图纸不明确、估计修改后工程量要增加的，可以提高单价；而工程内容说明不清楚的，则可降低一些单价，在工程实施阶段通过索赔再寻求提高单价的机会。D选项错误，投标时可将单价分析表中的人工费及机械设备费报得高一些，而材料费报得低一些。这主要是为了在今后补充项目报价时，可以参考选用"综合单价分析表"中较高的人工费和机械使用费，而材料则往往采用市场价，因而可获得较高收益。E选项错误，对于将来工程量有可能减少的项目，应适当降低单价。

2.2　合同管理

一、单项选择题

1.【参考答案】D

【学天解析】除专用合同条款另有约定外，解释合同文件的优先顺序如下：①合同协议书；②中标通知书；③投标函及投标函附录；④专用合同条款；⑤通用合同条款；⑥技术标准和要求；⑦图纸；⑧已标价工程量清单；⑨其他合同文件。

2.【参考答案】A

【学天解析】监理人征得发包人同意后，应在开工日期7天前向承包人发出开工通知。

3.【参考答案】D

【学天解析】承包人应按专用合同条款约定的内容和期限，编制详细的施工进度计划和施工方案说明报送监理人，A选项错误。不论何种原因造成工程的实际进度与合同进度计划不符时，承包人可以在专用合同条款约定的期限内向监理人提交修订合同进度计划的申请报告，并附有关措施和相关资料，报监理人审批。监理人也可以直接向承包人作出修订合同进度计划的指示，承包人应按该指示修订合同进度计划，报监理人审批，D选项正确，B、C选项错误。

4.【参考答案】C

【学天解析】①监理人认为有必要时，可向承包人作出暂停施工的指示，承包人应按监理人指示暂停施工。不论由何种原因引起的暂停施工，暂停施工期间承包人应负责妥善保护工程并提供安全保障。②由发包人的原因发生暂停施工的紧急情况，且监理人未及时下达暂停施工指示的，承包人可先暂停施工，并及时向监理人提出暂停施工的书面请求。监理人应在接到书面请求后的24小时内予以答复，逾期未答复的，视为同意承包人的暂停施工请求。

5.【参考答案】C

【学天解析】承包人未通知监理人检查自行进行隐蔽工程施工的，重新检查时，不管质量合格或是不合格，损失的工期和费用均由承包人承担。

6.【参考答案】C

【学天解析】为了区分因政策法规变化或市场物价变化对合同价格影响的责任，通用合同条款中将投标截止日前第28天规定为基准日期。

7.【参考答案】D

【学天解析】监理人收到承包人提交的最终结清申请单后的14天内审核完毕报送发包人。发包人应在收到后14天内审核完毕，由监理人向承包人出具经发包人签认的最终结清证书。发包人应在监理人出具最终结清证书后的14天内，将应支付款支付给承包人。

8.【参考答案】D

【学天解析】A选项错误，在履行合同过程中，经发包人同意，监理人可按合同约定的变更程序向承包人作出变更指示，承包人应遵照执行。B选项错误，在合同履行过程中，可能发生通用合同条款约定情形的变更，监理人可向承包人发出变更意向书。C选项错误，监理人应在收到承包人书面建议的14天内作出变更指示。

9.【参考答案】B

【学天解析】已标价工程量清单中无适用或类似子目的单价，可按照成本加利润的原则。

10.【参考答案】D

【学天解析】合同约定范围内（15%以内）的工程款为 $1000×（1+15\%）×25=1150×25=28750$（元），超过15%之后工程量的合同价款为 $（1500-1150）×25×0.9=7875$（元），则工程价款合计为 $28750+7875=36625$（元）。

11.【参考答案】C

【学天解析】除专用合同条款另有约定外，经验收合格工程的实际竣工日期，以提交竣工验收申请报告的日期为准，并在工程接收证书中写明。

12.【参考答案】C

【学天解析】承包人应在知道或应当知道索赔事件发生后28天内，向监理人递交索赔意向通知书，并说明发生索赔事件的事由。这是索赔的第一步工作。

13.【参考答案】D

【学天解析】因变更引起的价格调整按以下原则处理：①已标价工程量清单中有适用于变更工作的子目的，采用该子目的单价；②已标价工程量清单中无适用于变更工作的子目，但有类似子目的，可在合理范围内参照类似子目的单价，由监理人和合同当事人商定或确定变更工作的单价；③已标价工程量清单中无适用或类似子目的单价，可按照成本加利润的原则，由监理人和合同当事人商定或确定变更工作的单价。

14.【参考答案】B

【学天解析】承包人遇到不利物质条件，可以索赔工期和费用。

15.【参考答案】B

【学天解析】施工单位应设立安全文明施工费专用账户，建立安全文明施工措施费台账，做到专款专用，确保按投标报价及相关标准要求投入，施工合同和实施过程中的费用核查情况是安全文明措施费的结算依据。

16.【参考答案】C

【学天解析】当事人对建设工程实际竣工日期有争议的，人民法院应当分别按照以下情形予以认定：（1）建设工程经竣工验收合格的，以竣工验收合格之日为竣工日期；（2）承包人已经提交竣工验收报告，发包人拖延验收的，以承包人提交验收报告之日为竣工日期；（3）建设工程未经竣工验收，发包人擅自使用的，以转移占有建设工程之日为竣工日期。

17.【参考答案】A

【学天解析】利息从应付工程价款之日开始计付。当事人对付款时间没有约定或者约定不明的，下列时间视为应付款时间：①建设工程已实际交付的，为交付之日；②建设工程没有交付的，为提交竣工结算文件之日；③建设工程未交付，工程价款也未结算的，为当事人起诉之日。

18.【参考答案】A

【学天解析】B选项错误，政府采购工程才禁止垫资。C选项错误，按工程欠款处理。D选项错误，最高不得超过同期同类贷款利率或者同期市场报价利率。

19.【参考答案】D

【学天解析】A选项错误，费用由承包人承担。B选项错误，分包人应允许承包人、发包人、工程师及其三方中任何一方授权的人员在工作时间内，合理进入分包工程施工场地。C选项错误，分包工程合同可以采用固定价格、可调价格。

20.【参考答案】C

【学天解析】①劳务分包人施工开始前，工程承包人应获得发包人为施工场地内的自有人员及第三人人员生命财产办理的保险，且不需劳务分包人支付保险费用。②运至施工场地用于劳务施工的材料和待安装设备，由工程承包人办理或获得保险，且不需劳务分包人支付保险费用。③工程承包人必须为租赁或提供给劳务分包人使用的施工机械设备办理保险，并支付保险费用。④劳务分包人必须为从事危险作业的职工办理意外伤害保险，并为施工场地内自有人员生命财产和施工机械设备办理保险，支付保险费用。

21.【参考答案】B

【学天解析】在劳务施工中，不可抗力事件持续发生，劳务分包人应每隔7天向工程承包人项目经理通报一次受害情况。不可抗力结束后14天内，劳务分包人应向工程承包人项目经理提交清理和修复费用的正式报告和有关资料。

22.【参考答案】A

【学天解析】材料采购合同文件组成及优先解释顺序如下：①合同协议书；②中标通知书；③投标函；④商务和技术偏差表；⑤专用合同条款；⑥通用合同条款；⑦供

货要求；⑧分项报价表；⑨中标材料质量标准的详细描述；⑩相关服务计划。

23.【参考答案】C

【学天解析】合同材料、设备的所有权和风险自交付时起由卖方转移至买方，合同材料交付给买方之前包括运输在内的所有风险均由卖方承担。

24.【参考答案】C

【学天解析】根据《标准设备采购招标文件》，除专用合同条款另有约定外，迟延交付违约金的计算方法如下：①迟交的第1周到第4周，每周迟延交付违约金为迟交合同设备价格的0.5%；②迟交的第5周到第8周，每周迟延交付违约金为迟交合同设备价格的1%；③从迟交第9周起，每周迟延交付违约金为迟交合同设备价格的1.5%。在计算迟延交付违约金时，迟交不足1周的按1周计算。迟延交付违约金的总额不得超过合同价格的10%。

二、多项选择题

25.【参考答案】ADE

【学天解析】承包人应按照合同约定负责施工场地及其周边环境与生态的保护工作，B选项错误。承包人应按合同约定的工作内容和施工进度要求，编制施工组织计划和施工措施计划，C选项错误。

26.【参考答案】BC

【学天解析】B选项，监理人在收到承包人进度付款申请单以及相应的支持性证明文件后的14天内完成核查。C选项，监理人有权扣发承包人未能按照合同要求履行任何工作或义务的相应金额。

27.【参考答案】ABCD

【学天解析】除专用合同条款另有约定外，在履行合同中发生以下情形之一的，应按照本条规定进行变更：①取消合同中任何一项工作，但被取消的工作不能转由发包人或其他人实施；②改变合同中任何一项工作的质量或其他特性；③改变合同工程的基线、标高、位置或尺寸；④改变合同中任何一项工作的施工时间或改变已批准的施工工艺或顺序；⑤为完成工程需要追加的额外工作。

28.【参考答案】ABCE

【学天解析】施工承包人在合同约定期限内，应提交工程质量保证措施文件，包括质量检查机构的组织和岗位责任、质检人员的组成、质量检查程序和实施细则等，报送监理人审批。

29.【参考答案】ABE

【学天解析】单位工程验收合格后，由监理人向承包人出具经发包人签认的单位工程验收证书，C选项说法错误。已签发单位工程接收证书的单位工程由发包人负责照管，D选项说法错误。

30.【参考答案】ABC

【学天解析】永久工程、已运至施工现场的材料和工程设备的损坏，以及因工程损坏造成的第三者人员伤亡和财产损失由发包人承担，B说法正确。发包人和承包人承担各自人员伤亡和财产的损失，A说法正确，E说法错误。承包人施工设备的损坏由承包人承担，D说法错误。承包人在停工期间按照发包人要求照管、清理和修复工程的费用由发包人承担，C说法正确。

31.【参考答案】BCD

【学天解析】AE选项为专业分包单位的工作。

32.【参考答案】ACDE

【学天解析】B选项错误，为劳务分包人的自有人员办理保险是劳务分包人自己的义务。

33.【参考答案】ACE

【学天解析】根据《标准材料采购招标文件》中的通用合同条款，材料采购支付的合同价款分为预付款、进度款、结清款。

34.【参考答案】ABCD

【学天解析】卖方按照合同约定的进度交付合同材料并提供相关服务后，买方在收到卖方提交的下列单据并经审核无误后28日内，应向卖方支付进度款，进度款支付至该批次合同材料的合同价格的95%；①卖方出具的交货清单正本一份；②买方签署的收货清单正本一份；③制造商出具的出厂质量合格证正本一份；④合同材料验收证书或进度款支付函正本一份；⑤合同价格100%金额的增值税发票正本一份。

2.3 施工承包风险管理及担保保险

一、单项选择题

1.【参考答案】C

【学天解析】施工承包风险管理包括风险识别、风险评估、风险应对、风险监控等环节。

2.【参考答案】C

【学天解析】通过风险因素形成风险概率的估计和对发生风险后可能造成的损失量

估计，确定风险量及风险等级。

3.【参考答案】D

【学天解析】风险等级为大、很大的风险因素属于不可接受的风险，需要给予重点关注；风险等级为中等的风险因素是不希望有的风险；风险等级为小的风险因素是可接受风险；风险等级为很小的风险因素是可忽略风险。

4.【参考答案】B

【学天解析】风险规避是彻底规避风险的一种做法，即断绝风险来源。

5.【参考答案】A

【学天解析】B、D选项属于风险转移。C选项属于风险自留。

6.【参考答案】D

【学天解析】根据《中华人民共和国招标投标法实施条例》，投标保证金不得超过招标项目估算价的2%。投标保证金有效期应当与投标有效期一致。

7.【参考答案】B

【学天解析】发包人要求承包人提供履约担保的，发包人应向承包人提供支付担保。

8.【参考答案】D

【学天解析】安装工程一切险的责任范围与建筑工程一切险的责任范围基本一致，但增加了对安装工程常遇到的电气事故，如超负荷、超电压、碰线、电弧、走电、短路、大气放电等造成的损失赔偿责任。此外，因承包人安装人员技术不精引起的事故也可成为向保险公司索赔的理由。免责范围除建筑工程一切险中所提及事项外，安装工程一切险还会免赔因超负荷、超电压、碰线等电气原因所造成的电气设备或电气用具本身的损失。

二、多项选择题

9.【参考答案】BCD

【学天解析】施工项目本身的风险主要有施工组织管理风险、施工进度延误风险、施工质量安全风险、工程分包风险、工程款支付及结算风险等；施工项目外部环境风险主要有市场风险、政策风险、社会风险、自然环境风险等。

10.【参考答案】ABE

【学天解析】施工风险管理计划应包括下列内容：①风险管理目标；②风险管理范围；③可使用的风险管理方法、措施、工具和数据；④风险跟踪要求；⑤风险管理责任和权限；⑥必需的资源和费用预算。

11.【参考答案】ABE

【学天解析】风险评估内容主要包括：①风险因素发生的概率；②风险损失量；③风险等级。

12.【参考答案】BDE

【学天解析】履约担保可以采用银行履约保函、履约担保书和履约保证金的形式。

13.【参考答案】ABE

【学天解析】建筑工程一切险的责任范围，主要包括保险单中列明的各种自然灾害和意外事故，如洪水、风暴、水灾、暴雨、地陷、冰雹、雷电、火灾、爆炸等多项，同时还承保盗窃、工人或技术人员过失等人为风险，以及原材料缺陷或工艺不善引起的事故。

第3章 施工进度管理

3.1 施工进度影响因素与进度计划系统

一、单项选择题

1.【参考答案】B

【学天解析】自然条件影响，如复杂的工程地质条件；不明的水文气象条件；地下埋藏文物的保护、处理；洪水、地震、台风等不可抗力等。

2.【参考答案】B

【学天解析】横道图具有编制简单、使用方便等优点，可以直观地表明各项工作的开始时间和完成时间、持续时间，以及整个工程项目的总工期。但也有不足：①不能明确反映各项工作之间的相互联系、相互制约关系；②不能反映影响工期的关键工作和关键线路；③不能反映工作所具有的机动时间（时差）；④不能反映工程费用与工期之间的关系，因而不便于施工进度计划的优化。特别是对于大型工程项目，因其工作构成及逻辑关系复杂、无法利用计算机来进行计算分析。因此，采用横道图进行施工进度管理，有一定的局限性。

二、多项选择题

3.【参考答案】ACD

【学天解析】按项目组成编制的施工进度计划包括施工总进度计划、单位工程施工进度计划及分部分项工程进度计划。

3.2 流水施工进度计划

一、单项选择题

1.【参考答案】C

【学天解析】采用垂直图表达流水施工的优点是：施工过程及其先后顺序表达清楚，不仅时间和空间状况形象直观，而且斜向进度线的斜率还可直观反映各施工过程的进展速度。

2.【参考答案】B

【学天解析】$T=(m+n-1)K+\sum Z-\sum C=(3+5-1)\times 2+4=18$（天）。

3.【参考答案】B

【学天解析】流水步距$=\min(3,6,9)=3$（天）。施工队数$=3/3+6/3+9/3=6$（个）。$T=(m+N-1)K+\sum Z-\sum C=(4+6-1)\times 3=27$（天）。

4.【参考答案】C

【学天解析】采用"累加数列错位相减取大差法"确定流水步距：

$$5, \quad 13, \quad 17, \quad 21$$
$$-) \qquad 7, \quad 9, \quad 14, \quad 17$$

$$K_{1,2}=\max\{5, \quad 6, \quad 8, \quad 7, \quad -17\}=8$$

流水施工工期＝8＋7＋2＋5＋3＝25（天）。

二、多项选择题

5.【参考答案】AC

【学天解析】依次施工组织方式具有以下特点：①没有充分利用工作面进行施工，工期较长；②如果按专业组建工作队，则各专业工作队不能连续作业、工作出现间歇，劳动力和施工机具等资源无法均衡使用；③如果由一个工作队完成全部施工任务，则不能实现专业化施工，不利于提高劳动生产率和工程质量；④单位时间内投入劳动力、施工机具等资源量较少，有利于资源供应的组织；⑤只有一个工作队进行施工作业，施工现场的组织管理比较简单。

6.【参考答案】ACE

【学天解析】平行施工组织方式具有以下特点：①能够充分利用工作面进行施工，工期短；②如果每一施工对象均按专业组建工作队，则各专业工作队不能连续作业，工作出现间歇，劳动力和施工机具等资源无法均衡使用；③如果由一个工作队完成一个施工对象的全部施工任务，则不能实现专业化施工，不利于提高劳动生产率和工程质量；④单位时间内投入的劳动力、施工机具等资源成倍增加，不利于资源供应的组织；⑤有多个专业工作队在现场施工，施工现场组织管理比较复杂。

7.【参考答案】ACD

【学天解析】流水施工参数可分为工艺参数、空间参数和时间参数。

8.【参考答案】ABC

【学天解析】D选项错误，同一专业工作队在同一施工段劳动量大致相等，相差幅度不宜超过15%。E选项错误，施工段不一定要在同一平面内划分。

9.【参考答案】ACE

【学天解析】等节奏流水施工，也称为固定节拍流水施工或全等节拍流水施工。固定节拍流水施工是一种最理想的流水施工方式，其特点如下：①所有施工过程在各个施工段上的流水节拍均相等；②相邻施工过程的流水步距相等，且等于流水节拍；③专业工作队数等于施工过程数，即每一个施工过程成立一个专业工作队，由该队完成相应施工过程所有施工段上的任务；④各个专业工作队在各施工段上能够连续作业，施工段之间没有空闲时间。

10.【参考答案】ACE

【学天解析】加快的成倍节拍流水施工的特点如下：①同一施工过程在各个施工段上的流水节拍均相等；不同施工过程的流水节拍为倍数关系；②相邻施工过程的流水步距相等，且等于流水节拍的最大公约数；③专业工作队数大于施工过程数。对于流水节拍大的施工过程，可按其倍数增加相应专业工作队数目；④各专业工作队在施工段上能够连续作业，施工段之间没有空闲时间。

11.【参考答案】BD

【学天解析】非节奏流水施工具有以下特点：①各施工过程在各施工段上的流水节拍不全相等；②相邻施工过程的流水步距不尽相等；③专业工作队数等于施工过程数；④各专业工作队能够在施工段上连续作业，但有的施工段之间可能有空闲时间。

3.3　工程网络计划技术

一、单项选择题

1.【参考答案】D

【学天解析】A选项错误，工作名称不能代替编号，网络图必须有编号；B选项错误，因为在单代号网络图里面，节点不仅仅表示事件，还表示持续时间；C选项错误，起始节点只有向外的箭线，终点节点只有向内的箭线。

2.【参考答案】B

【学天解析】A选项错误，应尽量避免网络图中工作箭线的交叉。当交叉不可避免时，可以采用过桥法或指向法处理。C选项错误，在双代号网络图中，有时存在虚箭线，称为虚工作。虚工作既不消耗时间，也不消耗资源，起到联系、区分、断路的作用。D选项错误，网络图中的箭线（包括虚箭线）应保持自左向右的方向，不应出现箭头指向左方的水平箭线和箭头偏向左方的斜向箭线（即逆向箭线）。

3.【参考答案】A

【学天解析】当工作实际进度拖后的时间（偏差）超过该工作的总时差时，则既影响该工作后续工作的正常进行，也会影响总工期。

4.【参考答案】B

【学天解析】工作④→⑤持续时间为零，应为虚工作，用虚箭线表示。

5.【参考答案】D

【学天解析】A选项说法错误，A工作完成后进行的是C工作。C、E完成后进行的是F工作。B选项说法错误，B、D工作均完成后进行E工作。C选项说法错误，F工作的紧前工作是CE工作。

6.【参考答案】D

【学天解析】根据逻辑关系及绘图规则中箭线不宜交叉，不可避免时，采用过桥法或指向法，D选项符合题意，采用过桥法避免了箭线的交叉。

7.【参考答案】D

【学天解析】总持续时间最长的线路为关键线路，该网络计划的关键线路为①→③→④→⑤→⑥→⑧，工期为22天。

8.【参考答案】A

【学天解析】关键线路为①→②→④→⑥→⑩→⑪，①→③→④→⑥→⑩→⑪，①→③→⑤→⑨→⑪，工期为17天。

9.【参考答案】B

【学天解析】工期最长的线路为关键路线。关键线路有3条，分别是①③④⑦、①②⑤⑥⑦、①③④⑤⑥⑦，工期为15天。

10.【参考答案】D

【学天解析】网络图绘制阶段主要包括工程项目分解、确定逻辑关系和绘制网络图等工作。

11.【参考答案】C

【学天解析】工作拖后天数小于总时差，不影响总工期；工作拖后天数大于自由时差，影响紧后工作的最早开始时间。

12.【参考答案】B

【学天解析】时间间隔＝紧后工作最早开始时间－本工作最早完成时间＝14－13＝1（天）。

13.【参考答案】B

【学天解析】最迟开始时间＝最迟完成时间－持续时间＝10－5＝5（天）；最早完成时间＝最早开始时间＋持续时间＝3＋5＝8（天）；总时差＝最迟完成时间－最早完成时间＝10－8＝2（天）。

14.【参考答案】B

【学天解析】A选项错误，网络图应只有一个起点节点和一个终点节点。C选项错误，应尽量避免网络图中工作箭线的交叉，当交叉不可避免时，可以采用过桥法或指向法处理。D选项错误，网络图中严禁出现双向箭头和无箭头的连线。

15.【参考答案】C

【学天解析】因为该工作有两项紧前工作，最早完成时间分别是第2天和第4天，所以可以得到该工作的最早开始时间是第4天，该工作持续时间是5天，最早完成时间＝最早开始时间＋持续时间＝4＋5＝9天。

16.【参考答案】A

【学天解析】最迟完成时间（LF_{i-j}），是指在不影响整个任务按期完成的前提下，工作i-j必须完成的最迟时刻。C、D工作的最迟开始时间分别为第6天和第3天，所以工作A的最迟完成时间是第3天。

17.【参考答案】D

【学天解析】自由时差＝紧后工作最早开始时间的最小值－本工作的最早完成时间＝25－（12＋5）＝8（天）。

18.【参考答案】D

【学天解析】工作延长的时间小于总时差，不影响总工期；工作延长的时间小于自由时差，不影响紧后工作的正常进行。

19.【参考答案】A

【学天解析】该工作总时差＝min{紧后工作总时差＋对应时间间隔}＝min{8，7}＝7（天）。

20.【参考答案】A

【学天解析】工作F的总时差＝min{紧后工作最迟开始时间－本工作的最早完成时间}＝min{21－（11＋5），24－（11＋5），27－（11＋5）}＝5（天）。工作F的自由时差＝min{紧后工作最早开始时间－本工作最早完成时间}＝min{20－（11＋5），22－（11＋5），23－（11＋5）}＝4（天）。

21.【参考答案】D

【学天解析】A选项错误，工作D的自由时差为0天。B选项错误，工作E的自由时差为0天，总时差为1天。C选项错误，工作F的总时差为0天。

二、多项选择题

22.【参考答案】ADE

【学天解析】①②均为起点节点，起点节点和终点节点只能有一个，A选项说法正确。工作②-③、②-④属于多余虚工作，D选项说法正确。⑨节点有两个，节点编号可不连续，但不允许重复，E选项说法正确。

23.【参考答案】ACD

【学天解析】A、B工作都成为起点节点是错误的，A选项说法正确。在C、D和C、E两条线中存在多余的虚箭线，C选项说法正确。E、F之间的连线为交叉箭线，D选项说法正确。

24.【参考答案】BE

【学天解析】最迟完成时间等于该网络计划的计划工期。工作的最迟完成时间是指在不影响整个任务按期完成的前提下，本工作必须完成的最迟时刻。以终点节点为完成节点的工作，其总时差应等于计划工期与本工作最早完成时间之差。

25【参考答案】AE

【学天解析】B选项错误，双代号网络计划中的关键线路有可能包含虚箭线。C选项错误，双代号网络计划中由关键节点组成的线路，不一定是关键线路。D选项错误，单代号网络计划中，从起点节点开始到终点节点均为关键工作，且所有工作的时间间隔为零的线路为关键线路。

26.【参考答案】BC

【学天解析】总持续时间最长的线路为关键线路，其余线路均为非关键线路，A选项说法错误。节点编号顺序应从小到大，可以不连续，但不能重复，D选项说法错误。双代号网络计划的关键线路可以有虚工作，E说法错误。

27.【参考答案】AB

【学天解析】C和D选项的描述都是表示自由时差为0的工作，总时差不一定为0，所以不一定是关键工作。E选项错误，双代号网络计划中两端节点均为关键节点的工作，不一定是关键工作。

28.【参考答案】BCE

【学天解析】最迟完成时间与最早完成时间的差值，最迟开始时间与最早开始时间的差值，均为总时差，A、D选项错误。

3.4 施工进度控制

一、单项选择题

1.【参考答案】A

【学天解析】施工进度监测系统过程包括：①收集整理实际进度数据；②实际进度与计划进度比较分析。施工进度调整系统过程包括：①分析进度偏差产生的原因；②分析进度偏差对后续工作及总工期的影响；③确定后续工作及总工期的限制条件；④调整施工进度计划。B、C、D选项属于调整过程的内容。

2.【参考答案】C

【学天解析】影响总工期2天，即意味着超出了总时差2天，也就是实际延误了5+2=7（天），因为题干明确了其他工作均正常，那就是只有工作M产生了延误，导致了总工期的延误。

3.【参考答案】B

【学天解析】实际进度与计划进度比较是施工进度控制的主要环节。常用的比较方法有横道图比较法、S曲线比较法和前锋线比较法等。由于横道计划应用的广泛性，从而使横道图比较法成为最常用的实际进度与计划进度比较方法。

4.【参考答案】A

【学天解析】B选项属于技术措施；C选项属于经济措施；D选项属于其他配套措施。

5.【参考答案】B

【学天解析】A选项和D选项属于组织措施，C选项属于其他配套措施。

二、多项选择题

6.【参考答案】BD

【学天解析】A选项的错误在于第4周末检查时工作B拖后2周，C选项的错误在于I工作提前1周，但不影响K工作的开工，因为H工作是正常的，所以需要等H工作正常结束后，才可以开始K工作，K工作正常完成不会使总工期提前。E选项的错误在于I工作在第5周到第10周内是提前1周的。

第4章 施工质量管理

4.1 施工质量影响因素及管理体系

一、单项选择题

1.【参考答案】A

【学天解析】建设工程固有特性包括实用性、安全性、可靠性、经济性、美观性、环境协调性。

2.【参考答案】A

【学天解析】人的因素影响是工程质量影响因素中可变性最大的因素。在工程质量管理中，人的因素起着决定性作用，应以控制人的因素为基本出发点。

3.【参考答案】C

【学天解析】方法或工艺是指施工方法、施工工艺、施工方案和技术措施等。

4.【参考答案】D

【学天解析】循证决策是基于数据和信息的分析和评价的决策，更有可能产生期望的结果。

5.【参考答案】B

【学天解析】质量管理体系文件主要由质量手册、程序文件、质量计划、作业指导书和质量记录等构成。

6.【参考答案】D

【学天解析】企业获准认证的有效期为3年，A选项错误。质量管理体系由公正的第三方认证机构认证，B选项错误。企业获准认证后每年接受一次认证机构的监督管理，C选项错误。

7.【参考答案】D

【学天解析】当获证企业发现质量管理体系存在严重不符合规定，或在认证暂停的规定期限未予整改的，或发生其他构成撤销体系认证资格情况时，认证机构做出撤销认证的决定。企业不服的，可提出申诉。撤销认证的企业1年后可重新提出认证申请。

8.【参考答案】B

【学天解析】施工质量保证体系规定，施工项目必须有明确的质量目标，施工质量目标要符合项目质量总目标要求，要以工程承包合同为基本依据。

二、多项选择题

9.【参考答案】ACD

【学天解析】自然环境包括地质、水文、气象条件和周边建筑、地下障碍物及其他不可抗力等因素；技术环境包括施工所依据的规范、规程、设计图纸、质量评价标准等因素；管理环境包括质量检验、监控制度、质量管理制度等。B选项属于技术环境，E选项属于自然环境。

10.【参考答案】ACD

【学天解析】施工企业质量管理体系策划与设计阶段主要是做好各种准备工作，包括：教育培训，统一认识；组织落实，拟定计划；确定质量方针，制定质量目标；现状调查和分析；调整组织结构，配备资源；等等。

11.【参考答案】ABCE

【学天解析】质量管理体系认证按申请、检查和评定、审批与注册发证等程序进行。

12.【参考答案】AE

【学天解析】工作保证体系主要是明确工作任务和建立工作制度。

4.2 施工质量抽样检验和统计分析方法

一、单项选择题

1.【参考答案】D

【学天解析】从理想角度考虑，为了获得100%的合格品，只有采用全数检验才有可能达到目的。但是，由于下列原因，工程实践中必须采用抽样检验方式：①破坏性检验；②全数检验有时会耗时长，在经济上也未必合算；③采取全数检验方式，未必能绝对保证100%的合格品。

2.【参考答案】A

【学天解析】控制图主要是用来调查分析生产过程是否处于控制状态。绘制控制图时，一般需连续抽取20～25组样本数据，计算控制界限。

3.【参考答案】A

【学天解析】简单随机抽样就是排除人的主观因素，按以下方式逐个抽取样本单元的方法：第一样本单元从总体中所有N个抽样单元中随机抽取；第二个样本单元从剩下的（N−1）个抽样单元中随机抽取……依此类推，直至抽取n个样本单元为止。在实际应用中，简单随机抽样常借助于随机数骰子或随机数表来进行。这种抽样方法广泛用于原材料、构配件进货检验和分项工程、分部工程、单位工程完工后检验。

4.【参考答案】A

【学天解析】分层法是工程质量统计分析中的一种最基本方法。排列图法、直方图法、控制图法、相关图法等统计方法通常需要与分层法配合使用，常常是首先利用分层法将原始数据分组后，再应用其他统计分析方法进行分析。

5.【参考答案】D

【学天解析】A选项错误，一个质量特性或一个质量问题使用一张图分析。B选项错误，通常采用QC小组活动的方式进行，集思广益，共同分析，必要时可邀请QC小组以外的有关人员参与，广泛听取意见。C选项错误，在充分分析的基础上，由各参与人员采用投票或其他方式，从中选择1~5项多数人达成共识的最主要原因。

6.【参考答案】D

【学天解析】排列图法又称为主次因素分析法或帕累托图法，是用来分析影响质量主次因素的有效方法。

7.【参考答案】A

【学天解析】①双峰型：将两台设备、两种不同施工方法的产品混在一起或在两个不同批量中取样。②孤岛型：两组数据之间没有关联。③折齿型：分组组数不当或者组距确定不当。④峭壁型：因数据收集不正常，可能有意识地去掉下限以下的数据，或是在检测过程中由某种人为因素造成。

8.【参考答案】A

【学天解析】生产过程的质量正常、稳定和受控，还必须在公差标准上、下界限范围内达到质量合格的要求。只有这样的正常、稳定和受控才是经济合理的受控状态。B图说明质量能力偏大，不经济。C图说明存在质量不合格。D图说明质量能力处于临界状态，易出现不合格。

二、多项选择题

9.【参考答案】CD

【学天解析】计数抽样检验具有使用简便、运用范围广泛等优点。缺点是所需要的样本量较大，样本信息利用也不充分。

10.【参考答案】BDE

【学天解析】应用控制图法分析，属于生产过程有异常的情形有：①连续7点或更多点在中心线同一侧；②连续7点或更多点呈上升或下降趋势；③连续11点中至少有10点在中心线同一侧；④连续14点中至少有12点在中心线同一侧；⑤连续17点中至少有14点在中心线同一侧；⑥连续20点中至少有16点在中心线同一侧；⑦连续3点中至少有2点和连续7点中至少有3点落在二倍标准差与三倍标准差控制界限之间；⑧点子呈周期性变化。

4.3 施工质量控制

一、单项选择题

1.【参考答案】D

【学天解析】事中控制，是指对产品生产过程中各项作业技术活动操作者的行为约束与对质量活动过程和结果的监督控制。这种监督控制既包括来自企业内部管理者的检查检验，也包括来自企业外部工程监理单位和工程质量监督机构等的监控。A、B选项属于事前质量控制，C选项属于事后质量控制。

2.【参考答案】B

【学天解析】A、C、D选项属于施工现场准备的内容。

3.【参考答案】A

【学天解析】凡运到施工现场的原材料、半成品或构配件，必须附有产品出厂合格证及技术说明书。

4.【参考答案】C

【学天解析】施工方案应由项目技术负责人审批。重点、难点分部分项工程施工方案和针对危险性较大的分部分项工程专项施工方案应由施工单位技术部门组织相关专家评审，施工单位技术负责人批准。

5.【参考答案】B

【学天解析】每一分项工程开始实施前均要进行交底。为做好技术交底，应由项目技术人员编制技术交底书，并经项目技术负责人批准。

6.【参考答案】C

【学天解析】对工程实施全过程中的关键过程、关键工序和特殊过程及容易发生质量问题的部位，进行技术复核是保证工程质量、满足设计和合同规定的重要手段。如图纸会审或设计交底，工程定位引测点的复测，钢筋混凝土结构中钢筋的安装位置、规格、数量、连接及锚固情况的复核等，都属于技术复核的工作内容。

7.【参考答案】B

【学天解析】A选项错误，分项工程是由专业监理工程师组织验收的，分部工程是由总监理工程师组织验收的。C选项错误，检验批是工程验收的最小单位，是分项工程乃至整个建筑工程质量验收的基础。D选项错误，分部工程所包含的全部分项工程质量验收合格，仅仅是分部工程验收合格的一部分条件，还包括质量控制资料应完整，有关安全、节能、环境保护和主要使用功能的抽样检验结果应符合相应规定，观感质量应符合要求。

8.【参考答案】D

【学天解析】当经返修或加固处理的分项工程、分部工程，确认能够满足安全及使用功能要求时，应按技术处理方案和协商文件的要求予以验收。

二、多项选择题

9.【参考答案】ACE

【学天解析】水泥的质量是直接影响混凝土工程质量的关键因素，施工中就应对进场的水泥质量进行重点控制，必须检查核对其出厂合格证，并按要求进行强度、凝结时间和安定性的复验等。

10.【参考答案】BDE

【学天解析】作业技术活动结果控制包括：①工序质量检验；②隐蔽工程验收；③工序交接验收。

4.4 施工质量事故预防与调查处理

一、单项选择题

1.【参考答案】A

【学天解析】施工质量事故分为以下4个等级：①特别重大事故；②重大事故；③较大事故；④一般事故。

2.【参考答案】B

【学天解析】死亡3人为较大事故，直接经济损失5000万元为重大事故，按照从重原则判定为重大事故。

3.【参考答案】B

【学天解析】质量事故的处理是否达到预期目的，是否仍留有隐患，应通过检查鉴定和验收作出确认。

4.【参考答案】D

【学天解析】工程地质勘察失误。未认真进行地质勘察或勘探时钻孔深度、间距范围不符合规定要求，地质勘察报告不详细、不准确、不能全面反映地基实际情况等，从而使得地下情况不清，或对基岩起伏、土层分布误判，或未查清地下软土层、墓穴、孔洞等。这些均会导致采用不恰当或错误的基础方案，造成地基不均匀沉降、失稳，使上部结构或墙体开裂、破坏，或引发建筑物倾斜、倒塌等质量事故。

5.【参考答案】C

【学天解析】较大、重大及特别重大事故逐级上报至国务院住房和城乡建设主管部门，一般事故逐级上报至省级人民政府住房和城乡建设主管部门，必要时可以越级上报事故情况。

6.【参考答案】A

【学天解析】施工质量事故处理的一般程序为：事故报告→事故调查→事故处理→事故处理的鉴定验收→提交处理报告。

7.【参考答案】A

【学天解析】住房和城乡建设主管部门逐级上报质量事故时，每级上报时间不得超过2小时。

8.【参考答案】D

【学天解析】当工程质量缺陷按返修方法处理后无法保证达到规定的使用要求和安全要求，而又无法返工处理的情况下，不得已时可做出诸如结构卸荷或减荷以及限制使用的决定。

9.【参考答案】C

【学天解析】一般可不做专门处理的情况有以下几种：①不影响结构安全和使用功能的。②后道工序可以弥补的质量缺陷。③法定检测单位鉴定合格的。④出现的质量缺陷，经检测鉴定达不到设计要求，但经原设计单位核算，仍能满足结构安全和使用功能的。A、B选项需要返工处理，D选项需要返修处理。

二、多项选择题

10.【参考答案】ABDE

【学天解析】施工质量事故预防措施：坚持按工程建设程序办事；做好必要的技术复核、技术核定工作；严格把好建筑材料及制品的质量关；加强质量培训教育，提高全员质量意识；加强施工过程组织管理；做好应对不利施工条件和各种灾害的预案；加强施工安全与环境管理。

11.【参考答案】ACE

【学天解析】由技术原因引发的质量事故。在工程实施过程中，由于设计、施工技术上的失误而造成的质量事故。主要包括：结构设计计算错误；地质情况估计错误；盲目采用技术尚未成熟、实际应用中未得到充分实践检验验证其可靠的新技术；采用不适宜的施工方法或工艺等引发的质量事故。B、D选项属于管理原因。

12.【参考答案】BDE

【学天解析】A选项属于违背工程建设程序，C选项属于工程地质勘察失误。

13.【参考答案】ABE

【学天解析】质量事故调查报告应包括下列内容：①事故发生单位概况；②事故发生经过和事故救援情况；③事故造成的人员伤亡和直接经济损失；④事故发生的原因和事故性质；⑤事故责任的认定和事故责任者的处理建议；⑥事故防范和整改措施。

第5章 施工成本管理

5.1 施工成本影响因素及管理流程

一、单项选择题

1.【参考答案】D

【学天解析】工程成本按性态不同分为固定成本和变动成本。固定成本是指在一定的期间和一定的工程量范围内不受工程量增减变动影响的成本，如办公设施的折旧费、管理人员工资等。变动成本是随着工程量的增减变化而成正比例变化的各项成本，如材料费、计件工资等。

2.【参考答案】A

【学天解析】按成本组成编制施工成本计划的方法，施工成本可分为人工费、材料费、施工机具使用费和企业管理费等。

二、多项选择题

3.【参考答案】ABDE

【学天解析】直接成本是指施工过程中直接耗费的构成工程实体或有助于工程实体形成的各项支出，是可以直接计入工程对象的费用，包括人工费、材料费、施工机具使用费和措施费。

4.【参考答案】ACDE

【学天解析】从建设工程全要素成本视角考虑，传统意义上的施工成本可称为建造成本，而不同工期、质量、安全、绿色水平分别对应的成本可称为工期成本、质量成本、安全成本和绿色成本。

5.【参考答案】BCE

【学天解析】损失成本又分为内部损失成本和外部损失成本。内部损失成本包括返工损失、返修损失、停工损失、质量事故处理费用等；外部损失成本是指工程移交后，在使用过程中发现工程质量缺陷而需支付的费用总和，包括工程保修费、损失赔偿费等。A、D选项属于控制成本。

5.2 施工定额的作用及编制方法

一、单项选择题

1.【参考答案】C

【学天解析】技术测定法，根据生产技术和施工组织条件，对施工过程中各工序采用测时法、写实记录法、工作日写实法，测出各工序的工时消耗等资料，再对所获得的资料进行科学分析，进而编制人工定额。

2.【参考答案】A

【学天解析】施工机械工作时间中必需消耗时间，包括有效工作时间、不可避免的无负荷工作时间和不可避免的中断工作时间三项。

3.【参考答案】C

【学天解析】编制材料消耗定额，主要包括确定直接使用在工程上的材料净用量和在施工现场内运输及操作过程中不可避免的废料和损耗。

4.【参考答案】B

【学天解析】施工定额是以某一施工过程或基本工序作为研究对象，表示生产产品数量与生产要素消耗综合关系的定额。

5.【参考答案】C

【学天解析】A选项属于损失的工作时间里面的多余工作时间。B选项属于有根据地降低负荷下的工作时间。D选项属于不可避免的中断工作时间。

6.【参考答案】A

【学天解析】搅拌机每次循环需要1＋3＋1＋1＝6（分钟），每一次循环出0.5 m³的混凝土，则纯工作1小时能出60/6×0.5 m³＝5（m³）。施工机械台班产量定额＝机械纯工作1 h生产率×工作班延续时间×机械利用系数＝5×8×0.8＝32（m³/台班）。

7.【参考答案】C

【学天解析】机械产量定额和机械时间定额互为倒数关系。

二、多项选择题

8.【参考答案】BDE

【学天解析】按施工定额反映的生产要素消耗内容不同，施工定额可分为人工定额、材料消耗定额和施工机具消耗定额三种。

9.【参考答案】ABD

【学天解析】施工作业的定额时间，是在拟定基本工作时间、辅助工作时间、准备与结束时间、不可避免的中断时间，以及休息时间的基础上编制的。

10.【参考答案】BC

【学天解析】工序作业时间＝基本工作时间＋辅助工作时间。规范时间＝准备与结束工作时间＋不可避免的中断时间＋休息时间。

11.【参考答案】BCD

【学天解析】拟定施工的正常条件包括：拟定施工作业的内容；拟定施工作业的方法；拟定施工作业地点的组织；拟定施工作业人员的组织等。

12.【参考答案】CDE

【学天解析】技术测定法是根据生产技术和施工组织条件，对施工过程中各工序采用测时法、写实记录法、工作日写实法，测出各工序的工时消耗等资料，再对所获得的资料进行科学分析，制定出人工定额的方法。

13.【参考答案】CD

【学天解析】周转性材料（又称工具性材料），是指施工中多次使用但并不构成工程实体的材料，如模板、脚手架等。

14.【参考答案】ACDE

【学天解析】周转性材料消耗一般与下列四个因素有关：①第一次制造时的材料消耗（一次使用量）；②每周转使用一次材料的损耗（第二次使用时需要补充）；③周转使用次数；④周转材料的最终回收及其回收折价。

15.【参考答案】CDE

【学天解析】施工机械时间定额，是指在合理劳动组织与合理使用机械条件下，完成单位合格产品所必需的工作时间，包括有效工作时间（正常负荷下的工作时间和降低负荷下的工作时间）、不可避免的中断时间、不可避免的无负荷工作时间。

5.3　施工成本计划

一、单项选择题

1.【参考答案】A

【学天解析】①竞争性成本计划是指在施工投标及签订合同阶段的估算成本计划，总体上较为粗略。②指导性成本计划是指在选派项目经理阶段的预算成本计划，是项目经理的责任成本目标。指导性成本计划是以合同价为依据，按照企业定额标准制订的施工成本计划，用以确定施工责任成本。③实施性成本计划是指在工程项目施工准备阶段，以项目实施方案为依据，以落实项目经理责任目标为出发点，根据企业施工定额编制的施工成本计划。

2.【参考答案】B

【学天解析】施工成本计划的编制以成本预测为基础，关键是确定目标成本。

3.【参考答案】D

【学天解析】6月末计划成本累计值＝100＋200＋400＋600＋800＋900＝3000（万

元）；6月末实际成本累计值＝100＋200＋400＋600＋800＋1000＝3100（万元）；8月末计划成本累计值＝100＋200＋400＋600＋800＋900＋800＋600＝4400（万元）；8月末实际成本累计值＝100＋200＋400＋600＋800＋1000＋800＋700＝4600（万元）。

4.【参考答案】C

【学天解析】时间–成本累积曲线的绘制步骤如下：①编制工程项目施工进度时标网络计划；②计算单位时间（月或旬）施工成本；③计算规定时间 t 计划累计支出的成本额；④按各规定时间的 Qt 值，绘制S形曲线。

5.【参考答案】A

【学天解析】指导性成本计划是指在选派项目经理阶段的预算成本计划，是项目经理的责任成本目标。指导性成本计划是以合同价为依据，按照企业定额标准制定的施工成本计划，用以确定施工责任成本。

二、多项选择题

6.【参考答案】ABCD

【学天解析】成本计划编制依据应包括下列内容：①合同文件；②项目管理实施规划；③相关设计文件；④价格信息；⑤相关定额；⑥类似项目的成本资料。

7.【参考答案】BCD

【学天解析】项目管理机构应通过系统的成本策划，按成本组成、项目结构和工程实施阶段编制施工成本计划。

5.4　施工成本控制

一、单项选择题

1.【参考答案】C

【学天解析】成本的过程控制中，有两类控制程序，一是管理行为控制程序，二是指标控制程序。管理行为控制程序是对成本全过程控制的基础，指标控制程序则是成本进行过程控制的重点。两个程序既相对独立又相互联系，既相互补充又相互制约。

2.【参考答案】C

【学天解析】当费用绩效指数（CPI）<1时，表明实际费用超支；当费用绩效指数（CPI）>1时，表明实际费用节约；CPI=1时，表明实际费用按预算支出。

3.【参考答案】C

【学天解析】VAC（预测项目完工时的费用偏差）＝BAC（项目完工预算）－EAC（预测的项目完工估算），BAC＝1000×60＝60000（元）。计划执行过程中根据当前进度单价为50000÷800＝62.5（元/m²），则EAC＝62.5×1000＝62500（元），VAC＝60000−62500＝−2500（元）。

二、多项选择题

4.【参考答案】ABDE

【学天解析】C选项错误，材料价格主要由材料采购部门控制。

5.【参考答案】DE

【学天解析】A、B选项属于绝对偏差，只适合在同一项目中进行比较，C选项没有这个说法。

6.【参考答案】ADE

【学天解析】选项A正确，已完工程预算费用＝已完成工程量×预算单价＝9000×400＝360（万元）。选项B错误，费用偏差＝已完工程预算费用−已完工程实际费用＝360−450＝−90（万元），表示项目运行超出预算费用。选项D正确，已完工程实际费用＝已完成工程量×实际单价＝9000×500＝450（万元）。选项C错误，进度偏差＝已完工程预算费用−拟完工程预算费用＝360万元−320万元＝40（万元），进度超前。选项E正确，拟完工程预算费用＝计划工程量×预算单价＝8000×400＝320（万元）。

7.【参考答案】BDE

【学天解析】A选项错误，进度偏差为负值时，表示实际进度慢于计划进度。C选项错误，费用（进度）偏差属于绝对偏差，只适合在同一项目中进行比较。

8.【参考答案】ABDE

【学天解析】成本管理的组织措施：实行项目经理责任制；落实成本管理的组织机构和人员；明确各级成本管理人员的任务和职能分工、权利和责任；编制成本管理工作计划；做好施工采购计划；确定合理详细的工作流程。C选项属于经济措施。

9.【参考答案】AB

【学天解析】成本管理的经济措施：对成本管理目标进行风险分析，并制定防范性对策；对各种支出，应做好资金的使用计划；对各种变更，应及时做好增减账、落实业主签证并结算工程款；通过偏差分析和未完工工程预测，可发现一些潜在的可能引起未完工程成本增加的问题。C、E选项属于技术措施，D选项属于合同措施。

5.5　施工成本分析与管理绩效考核

一、单项选择题

1.【参考答案】A

【学天解析】会计核算主要是价值核算，B选项错误。统计核算的计量尺度比会计宽，C选项错误。会计和统计核算一般是对已经发生的经济活动进行核算，D选项错误。

2.【参考答案】B

【学天解析】会计和统计核算一般是对已经发生的经济活动进行核算，而业务核算不但可以核算已经完成的项目是否达到原定的目的、取得预期的效果，而且可以对尚未发生或正在发生的经济活动进行核算，以确定该项经济活动是否有经济效果，是否有执行的必要。

3.【参考答案】A

【学天解析】统计核算通过全面调查和抽样调查等特有的方法，不仅能提供绝对数指标，还能提供相对数和平均数指标，可以计算当前的实际水平，还可以确定变动速度以预测发展的趋势。

4.【参考答案】B

【学天解析】成本分析方法应遵循下列步骤：①选择成本分析方法；②收集成本信息；③进行成本数据处理；④分析成本形成原因；⑤确定成本结果。

5.【参考答案】C

【学天解析】比率法是指用两个以上指标的比例进行分析的方法。比率法的基本特点是：先把对比分析的数值变成相对数，再观察其相互之间的关系。

6.【参考答案】D

【学天解析】因素分析法的排序规则是：先实物量，后价值量；先绝对值，后相对值。

7.【参考答案】A

【学天解析】单位产品人工消耗量变动对成本的影响有三个。计划值①：$180 \times 12 \times 100$；产量替换②：$200 \times 12 \times 100$；消耗量替换③：$200 \times 11 \times 100$。单位产品人工消耗量变动对成本的影响：③－②：$200 \times （11－12） \times 100＝-20000$（元）。

8.【参考答案】A

【学天解析】动态比率法是将同类指标不同时期的数值进行对比，求出比率，以分析该项指标的发展方向和发展速度。动态比率的计算，通常采用基期指数和环比指数两种方法。

9.【参考答案】D

【学天解析】构成比率法通过计算材料成本及其占总成本的比重以判定材料成本的合理性。

10.【参考答案】D

【学天解析】第四季度的基期指数＝64.30/45.60×100%＝141.01%。

11.【参考答案】A

【学天解析】在一般情况下，都希望以最少的工资支出，完成最大的产值。计算每平方米工程量的单位人工费用，如甲：150000÷5400÷50＝0.556，经比较，甲的人均效益最好。

12.【参考答案】A

【学天解析】分部分项工程成本分析是施工项目成本分析的基础。

13.【参考答案】A

【学天解析】B选项错误，分部分项工程成本分析是施工项目成本分析的基础。C、D选项错误，分析的方法是：进行预算成本、目标成本和实际成本的"三算"对比，预算成本来自投标报价成本，目标成本来自施工预算，实际成本来自施工任务单的实际工程量、实耗人工和限额领料单的实耗材料。

14.【参考答案】A

【学天解析】如果是属于规定的"政策性"亏损，则应从控制支出着手，把超支额压缩到最低限度。

15.【参考答案】A

【学天解析】年度成本分析的依据是年度成本报表。年度成本分析的内容，除了月（季）度成本分析的六个方面之外，重点是针对下一年度的施工进展情况制定切实可行的成本管理措施，以保证施工项目成本目标的实现；B、C、D选项属于月（季）度成本分析的内容。

16.【参考答案】A

【学天解析】B选项错误，企业成本要求一年结算一次，不得将本年成本转入下一年度。C、D选项错误，由于项目施工周期一般较长，除进行月（季）度成本核算和分析外，还要进行年度成本的核算和分析。企业的年度成本分析应包含本年度内在建的所有工程。

17.【参考答案】C

【学天解析】比较法又称"指标对比分析法"，是指对比技术经济指标，检查目标的完成情况，分析产生差异的原因，进而挖掘降低成本的方法。

18.【参考答案】C

【学天解析】A选项错误，储备天数是影响储备资金的关键因素。采购人员应该选择运距较短的供应单位，尽可能减少材料采购的中转环节，缩短储备天数。B选项错误，材料采购保管费属于材料的采购成本，材料费分析包括采购保管费分析。D选项错误，在实行周转材料内部租赁制的情况下，项目周转材料费的节约或超支，取决于材料周转率和损耗率，周转减慢，则材料周转的时间增长，租赁费支出就会增加。

19.【参考答案】D

【学天解析】施工企业的项目成本考核指标主要包括项目施工成本降低额和项目施工成本降低率。

20.【参考答案】D

【学天解析】对各班组的考核内容以分部分项工程成本作为班组的责任成本，以施工任务单和限额领料单的结算资料为依据，与施工预算进行对比，考核班组责任成本完成情况。

21.【参考答案】B

【学天解析】360° 反馈法适用于需要定性化考核的企业，要求企业具有良好的团队文化、完善的考核指标体系以及较强的数据收集和分析能力，同时部门成员之间相互信任、尊重和共享。

二、多项选择题

22.【参考答案】ABDE

【学天解析】成本分析的内容包括：时间节点成本分析；工作任务分解单元成本分析；组织单元成本分析；单项指标成本分析；综合项目成本分析。

23.【参考答案】BCDE

【学天解析】施工成本分析可采用的基本方法有比较法、比率法、因素分析法、差额计算法。

24.【参考答案】BCD

【学天解析】A选项错误，年度成本分析的依据是年度成本报表。E选项错误，分部分项工程成本分析的资料来源为：预算成本来自投标报价成本，目标成本来自施工预算，实际成本来自施工任务单的实际工程量、实际人工和限额领料单的实耗材料。

25.【参考答案】ADE

【学天解析】综合成本分析包括分部分项工程成本分析、月（季）度成本分析、年度成本分析和竣工成本综合分析。

26.【参考答案】ADE

【学天解析】单位工程竣工成本分析，应包括以下三方面内容：竣工成本分析、主要资源节超对比分析、主要技术节约措施及经济效果分析。

第6章 施工安全管理

6.1 职业健康安全管理体系

单项选择题

1.【参考答案】D

【学天解析】A选项错误，该标准的实施强调自愿性原则。B选项错误，适用于任何规模、类型和活动的组织。C选项错误，与其他管理体系兼容。

2.【参考答案】D

【学天解析】初始（状态）评审的主要目的是了解组织的职业健康安全及其管理现状，评价其与职业健康安全管理标准要求的符合性，为组织建立职业健康安全管理体系搜集信息并提供依据，因而是建立职业健康安全管理体系的基础工作。

3.【参考答案】B

【学天解析】组织最高管理者应任命健康安全管理者代表，并授权管理者代表建立专门的工作小组。管理者代表职责有：（1）具体负责职业健康安全管理体系的日常工作，即按职业健康安全管理标准建立、实施和保持组织的职业健康安全管理体系。（2）向最高管理者定期汇报职业健康安全管理体系的运行情况，供管理评审时使用。（3）协调职业健康安全管理体系建立和运行过程中各部门之间的关系，为最高管理者的决策提供建议。

4.【参考答案】D

【学天解析】领导决策和承诺可确保获得建立、实施、保持和改进职业健康安全管理体系所需的资源。

5.【参考答案】B

【学天解析】组织建立职业健康安全管理体系的步骤是：领导决策和承诺→成立工作小组，制订总体计划→体系建立前培训→进行初始（状态）评审→体系策划和设计→体系文件编写→体系试运行→体系评审完善。

6.2 施工生产危险源与安全管理制度

一、单项选择题

1.【参考答案】A

【学天解析】第一类危险源是指施工现场或施工生产过程中存在的，可能发生意外释放能量（机械能、电能、势能、化学能、热能等）的根源，包括施工现场或施工生产过程中各种能量或危险物质。B、C、D选项属于第二类危险源。

2.【参考答案】B

【学天解析】第一类危险源是固有的能量或危险物质，主要采用技术手段加以控制，包括消除能量源、约束或限制能量（针对生产过程不能完全消除的能量源）、屏蔽隔离、防护等技术手段，同时应落实应急预案的保障措施。

3.【参考答案】B

【学天解析】凡在坠落高度基准面2 m及以上的高处作业面，就存在可能发生高处坠落事故的危险源。

4.【参考答案】D

【学天解析】全员安全生产责任制是企业所有安全生产管理制度的核心，是企业最基本的安全管理制度，其他安全生产管理制度的建立、执行、修订完善，离不开各岗位相关责任的支持。

5.【参考答案】B

【学天解析】企业主要负责人是本单位安全生产第一责任人，对本单位的安全生产工作全面负责。

6.【参考答案】D

【学天解析】建设工程施工企业以建筑安装工程造价为依据，于月末按工程进度计算提取企业安全生产费用。提取标准为：①矿山工程3.5%；②铁路工程、房屋建筑工程、城市轨道交通工程3%；③水利水电工程、电力工程2.5%；④冶炼工程、机电安装工程、化工石油工程、通信工程2%；⑤市政公用工程、港口与航道工程、公路工程1.5%。

7.【参考答案】B

【学天解析】B选项描述错误，企业安全生产费用月初结余达到上一年应计提金额3倍及以上的，自当月开始暂停提取企业安全生产费用。

8.【参考答案】C

【学天解析】企业主要负责人和安全生产管理人员初次安全培训时间不得少于32学时。每年再培训时间不得少于12学时。

9.【参考答案】B

【学天解析】班组级岗前安全培训内容应包括：①岗位安全操作规程；②岗位之间工作衔接配合的安全与职业卫生事项；③有关事故案例；④其他需要培训的内容。A选项属于企业级岗前安全培训内容，C、D选项属于项目部级岗前安全培训内容。

10.【参考答案】C

【学天解析】安全生产许可证的有效期为3年。安全生产许可证有效期满需要延期的，企业应当于期满前3个月向原安全生产许可证颁发管理机关办理延期手续。企业在安全生产许可证有效期内，严格遵守有关安全生产的法律法规，未发生死亡事故的，安全生产许可证有效期届满时，经原安全生产许可证颁发管理机关同意，不再审查，安全生产许可证有效期延期3年。

11.【参考答案】C

【学天解析】事故树分析法，从一个可能的事故开始，自下而上、一层层地寻找顶事件的直接原因事件和间接原因事件，直到基本原因事件，并用逻辑图将这些事件之间的逻辑关系表达出来的分析方法。

12.【参考答案】B

【学天解析】A选项错误，工程项目部每天应结合施工动态，实行安全巡查。C选项错误，施工企业每月应对工程项目施工现场安全生产情况至少进行一次检查。D选项错误，总承包工程项目部应组织各分包单位每周进行安全检查。

二、多项选择题

13.【参考答案】ABD

【学天解析】常见的危险源辨识与评价方法包括安全检查表法、预先危险性分析法、危险与可操作性分析法、事故树分析法、LEC评价法。

14.【参考答案】ABCD

【学天解析】安全生产管理机构及安全生产管理人员的法定职责如下：①组织或者参与拟定本单位安全生产规章制度、操作规程和生产安全事故应急救援预案；②组织或者参与本单位安全生产教育和培训，如实记录安全生产教育和培训情况；③组织开展危险源辨识和评估，督促落实本单位重大危险源的安全管理措施；④组织或者参与本单位应急救援演练；⑤检查本单位的安全生产状况，及时排查生产安全事故隐患，提出改进安全生产管理的建议；⑥制止和纠正违章指挥、强令冒险作业、违反操作规程的行为；⑦督促落实本单位安全生产整改措施。

15.【参考答案】ACD

【学天解析】建设工程施工企业安全生产费用应用于以下支出：

（1）完善、改造和维护安全防护设施设备支出（不含"三同时"要求初期投入的安全设施）。

（2）应急救援技术装备、设施配置及维护保养支出，事故逃生和紧急避难设施设备的配置和应急救援队伍建设、应急预案制修订与应急演练支出。

（3）开展施工现场重大危险源检测、评估、监控支出，安全风险分级管控和事故隐患排查整改支出，工程项目安全生产信息化建设、运维和网络安全支出。

（4）安全生产检查、评估评价（不含新建、改建、扩建项目安全评价）、咨询和标准化建设支出。

（5）配备和更新现场作业人员安全防护用品支出。

（6）安全生产宣传、教育、培训和从业人员发现并报告事故隐患的奖励支出。

（7）安全生产适用的新技术、新标准、新工艺、新装备的推广应用支出。

（8）安全设施及特种设备检测检验、检定校准支出。

（9）安全生产责任保险支出。

（10）与安全生产直接相关的其他支出。

6.3 专项施工方案及施工安全技术管理

一、单项选择题

1.【参考答案】C

【学天解析】超过一定规模的危险性较大的分部分项工程专项施工方案经专家论证后结论为"通过"的，施工单位可参考专家意见自行修改完善；结论为"修改后通过"的，专家意见要明确具体修改内容，施工单位应按照专家意见进行修改，修改情况应及时告知专家；结论为"不通过"的，施工单位修改后应按照规定的要求重新组织专家论证。

2.【参考答案】D

【学天解析】专家论证的主要内容应包括：①专项施工方案内容是否完整、可行；②专项施工方案计算书和验算依据、施工图是否符合有关标准规范；③专项施工方案是否满足现场实际情况，并能够确保施工安全。

3.【参考答案】B

【学天解析】《建设工程安全生产管理条例》规定，对下列达到一定规模的危险性较大的分部分项工程，施工单位应编制专项施工方案，并附具安全验收结果，经施工单位技术负责人、总监理工程师签字后实施，由专职安全生产管理人员进行现场监督：①基坑支护与降水工程；②土方开挖工程；③模板工程；④起重吊装工程；⑤脚手架工程；⑥拆除、爆破工程；⑦国务院建设行政主管部门或者其他有关部门规定的其他危险性较大的工程。上述工程中涉及深基坑、地下暗挖工程、高大模板工程的专项施工方案，施工单位还应当组织专家进行论证、审查。

4.【参考答案】D

【学天解析】当非竖向洞口短边边长大于或等于1500 mm时，应在洞口作业侧设置高度不小于1.2 m的防护栏杆，洞口应采用安全平网封闭。

5.【参考答案】D

【学天解析】施工现场周边道路满足消防车通行及灭火救援要求时，施工现场内可不设置临时消防车道。

6.【参考答案】D

【学天解析】临边作业防护栏杆应由横杆、立杆及挡脚板组成，防护栏杆应符合下列规定：①防护栏杆应为两道横杆，上杆距地面高度应为1.2 m，下杆应在上杆和挡脚板中间设置；②当防护栏杆高度大于1.2 m时，应增设横杆，横杆间距不应大于600 mm；③防护栏杆立杆间距不应大于2 m；④挡脚板高度不应小于180 mm；⑤防护栏杆立杆底端应固定牢固。

7.【参考答案】D

【学天解析】坠落半径（R）分别为：当坠落物高度为2～5 m时，R为3 m；当坠落物高度为5～15 m时，R为4 m；当坠落物高度为15～30 m时，R为5 m；当坠落物高度大于30 m时，R为6 m。

二、多项选择题

8.【参考答案】ABDE

【学天解析】专项施工方案的主要内容包括：①工程概况；②编制依据；③施工计划；④施工工艺技术；⑤施工安全保证措施；⑥施工管理及作业人员配备和分工；⑦验收要求；⑧应急处置措施；⑨计算书及相关施工图纸。

9.【参考答案】BDE

【学天解析】涉及深基坑、地下暗挖工程、高大模板工程的专项施工方案，施工单位还应当组织专家进行论证、审查。

10.【参考答案】BCE

【学天解析】A选项错误，由项目技术负责人向施工员、班组长、分包单位技术负责人交底。D选项错误，定期向由2个以上作业队和多工种进行交叉施工的作业队伍进行书面交底。

6.4　施工安全事故应急预案和调查处理

一、单项选择题

1.【参考答案】B

【学天解析】安全风险等级从高到低划分为重大风险、较大风险、一般风险和低风险，分别用红、橙、黄、蓝四种颜色标示。

2.【参考答案】D

【学天解析】企业应急预案分为综合应急预案、专项应急预案和现场处置方案。

3.【参考答案】B

【学天解析】较大事故，是指造成3人及以上10人以下死亡，或者10人及以上50人以下重伤，或者1000万元及以上5000万元以下直接经济损失的事故。

4.【参考答案】D

【学天解析】企业应在应急预案公布之日起20个工作日内，按照分级属地原则，向县级以上人民政府应急管理部门和其他负有安全生产监督管理职责的部门进行备案，并依法向社会公布。

5.【参考答案】D

【学天解析】建筑施工单位应至少每半年组织一次生产安全事故应急预案演练，并将演练情况报送所在地县级以上地方人民政府负有安全生产监督管理职责的部门。

6.【参考答案】A

【学天解析】应急管理部门和负有安全生产监督管理职责的有关部门逐级上报事故情况，每级上报的时间不得超过2小时。

7.【参考答案】D

【学天解析】A选项错误，事故发生后，事故现场有关人员应当立即向本单位负责人报告；单位负责人接到报告后，应当于1小时内向事故发生地县级以上人民政府安全生产监督管理部门和负有安全生产监督管理职责的有关部门报告。B选项错误，实行施工总承包的建设工程，由总承包单位负责上报事故。C选项错误，情况紧急时，事故现场有关人员可以直接向事故发生地县级以上人民政府安全生产监督管理部门和负有安全生产监督管理职责的有关部门报告。

8.【参考答案】B

【学天解析】事故报告后出现新情况的，应当及时补报。自事故发生之日起30日内，事故造成的伤亡人数发生变化的，应当及时补报。道路交通事故、火灾事故自发生之日起7日内，事故造成的伤亡人数发生变化的，应当及时补报。

9.【参考答案】D

【学天解析】未造成人员伤亡的一般事故，县级人民政府也可以委托事故发生单位组织事故调查组进行调查。

10.【参考答案】C

【学天解析】特别重大事故以下等级事故，事故发生地与事故发生单位不在同一个县级以上行政区域的，由事故发生地人民政府负责调查，事故发生单位所在地人民政府应当派人参加。该安全事故为较大事故，由设区的市级人民政府负责调查。

11.【参考答案】D

【学天解析】事故调查组应当自事故发生之日起60日内提交事故调查报告；特殊情况下，经负责事故调查的人民政府批准，提交事故调查报告的期限可以适当延长，但延长的期限最长不超过60日。

12.【参考答案】A

【学天解析】特别重大事故以下等级事故，事故发生地与事故发生单位不在同一个县级以上行政区域的，由事故发生地人民政府负责调查，事故发生单位所在地人民政府应当派人参加。

二、多项选择题

13.【参考答案】ABCE

【学天解析】事故调查报告的内容应包括：①事故发生单位概况；②事故发生经过和事故救援情况；③事故造成的人员伤亡和直接经济损失；④事故发生的原因和事故性质；⑤事故责任的认定以及对事故责任者的处理建议；⑥事故防范和整改措施。

第7章　绿色施工及环境管理

7.1　绿色施工管理

一、单项选择题

1.【参考答案】D

【学天解析】"再循环"原则：通过输出端控制方式，将生产出来的物品在完成其使用功能后通过回收利用重新变成可用资源，减少垃圾的产生。包括：①原级再循环，即把废弃物转化为同类新产品；②次级再循环，即把废弃物转化为其他产品的原材料。资源效率随循环增长而提高，循环率越大，资源效率增长越高。选项A属于"减量化"原则，选项B、C属于"再利用"原则。

2.【参考答案】C

【学天解析】昼间场界环境噪声不得超过70 dB（A），夜间场界环境噪声不得超过55 dB（A）。同时，夜间噪声最大声级超过限值的幅度不得高于15 dB（A）。

二、多项选择题

3.【参考答案】ABDE

【学天解析】绿色施工是指在保证质量、安全等基本要求的前提下，通过科学管理和技术进步，最大限度地节约资源，减少对环境的负面影响，实现节材、节水、节能、节地和环境保护（"四节一环保"）的施工活动。

4.【参考答案】BDE

【学天解析】A、C选项属于建设单位绿色施工的职责。

5.【参考答案】ABD

【学天解析】C选项属于噪声控制措施，E选项属于水污染控制措施。

7.2　施工现场环境管理

单项选择题

1.【参考答案】A

【学天解析】绩效评价包括三方面内容：①监视、测量、分析和评价；②内部审核；③管理评审。

2.【参考答案】B

【学天解析】运行包括两方面内容：①运行策划和控制；②应急准备和响应。

3.【参考答案】D

【学天解析】A选项错误，施工现场要实行封闭式管理。B选项错误，围挡高度不小于1.8 m。C选项错误，施工现场应设置密闭式垃圾站。

第8章　施工文件归档管理及项目管理新发展

8.1　施工文件归档管理

一、单项选择题

1.【参考答案】D

【学天解析】施工技术文件包括：①图纸会审记录；②设计变更通知单；③工程洽商记录（技术核定单）。D选项属于施工管理文件。

2.【参考答案】C

【学天解析】A选项错误，声像档案与纸质档案应建立相应的标识关系。B选项错误，专业分包施工的分部、子分部工程应分别单独立卷。D选项错误，既有文字材料又有图纸的案卷，文字材料排前，图纸排后。

二、多项选择题

3.【参考答案】BDE

【学天解析】施工技术文件包括图纸会审记录、设计变更通知单、工程洽商记录。A、C选项属于施工质量控制文件。

4.【参考答案】ACE

【学天解析】B选项错误，竣工图章尺寸为50 mm×80 mm。D选项错误，图纸宜采用国家标准图幅。

8.2　项目管理新发展

单项选择题

1.【参考答案】A

【学天解析】B选项错误，项目组合中的项目或项目群之间没必要相互关联或直接相关。C选项错误，项目群管理是指组织为实现战略目标、获得收益而以一种综合协调方式对一组相关项目进行的管理。D选项错误，由多个项目组成的通信卫星系统就是一个典型的项目群实例，该项目群包括卫星和地面站的设计、卫星和地面站的施工、系统集成、卫星发射等多个项目。

2.【参考答案】B

【学天解析】施工进度计划编制和进度控制等宜应用BIM技术。在进度计划编制BIM技术应用中，可基于项目特点创建工作分解结构，编制进度计划，基于深化设计模型创建进度管理模型，基于定额完成工程量估算和资源配置、进度计划优化。在进度控制BIM技术应用中，应基于进度管理模型和实际进度信息完成进度对比分析，基于偏差分析结果更新进度管理模型。

3.【参考答案】A

【学天解析】《项目管理知识体系指南》（第7版）提出了以价值为导向的项目管理，要求建立以交付价值为导向的项目管理理念，从项目需求提出开始到项目交付使用，以追求价值卓越为目标，最终完整实现项目价值。

巩固提升

通关必做卷一（基础阶段测试）

扫码查看
视频讲解

一、单项选择题

1.【参考答案】C

【学天解析】以工业产权、非专利技术作价出资的比例不得超过投资项目资本金总额的20%，国家对采用高新技术成果有特别规定的除外。

2.【参考答案】C

【学天解析】A选项错误，施工总承包管理方主要承担施工任务组织的总责任，一般不承担施工任务，主要进行施工的总体管理和协调，对于有施工能力的施工总承包管理单位，也可通过投标竞争承揽部分工程施工任务。B选项错误，施工总承包管理模式下，一般由业主方与分包单位签合同。D选项错误，施工总承包管理方负责组织和指挥分包单位的施工，而不是总承包单位的施工。

3.【参考答案】B

【学天解析】平行承包是指建设单位将工程项目划分为若干标段，分别发包给多家施工单位承包。建设单位需要与多家施工单位分别签订施工合同，各施工单位之间的关系是平行的，相互间无合同关系。

4.【参考答案】A

【学天解析】工程开工前，建设单位需要到规定的工程质量监督机构办理工程质量监督手续，未按规定办理工程质量监督手续的，一律不得开工。

5.【参考答案】C

【学天解析】职能式组织结构是在各管理层设置职能部门，各职能部门分别从其业务职能角度对下级执行者进行业务管理。在职能式组织结构中，各级领导不直接指挥下级，而是指挥职能部门。各职能部门可以在上级领导授权范围内，就其所管辖业务范围向下级执行者发布命令和指示。

6.【参考答案】D

【学天解析】施工项目经理是指具备相应任职条件，由企业法定代表人授权对施工项目进行全面管理的责任人。

7.【参考答案】B

【学天解析】施工组织设计应由项目负责人主持编制，可根据需要分阶段编制和审批。

8.【参考答案】B

【学天解析】专业承包单位施工的分部分项工程或专项工程的施工方案，应由专业承包单位技术负责人或技术负责人授权的技术人员审批；有总承包单位时，应由总承包单位项目技术负责人核准备案。

9.【参考答案】B

【学天解析】A、C选项属于组织措施，D选项属于经济措施。

10.【参考答案】C

【学天解析】招标人对已发出的招标文件进行必要的澄清或者修改，应当在招标文件要求提交投标文件截止时间至少15日前发出。

11.【参考答案】C

【学天解析】A选项错误，大小写不一致的以大写为准，单价与数量的乘积之和与所报的总价不一致的应以单价为准。B选项错误，投标书中投标报价大写金额与小写金额不一致时，则以大写金额为准。D选项错误，评标方法通常有经评审的最低投标价法和综合评估法。

12.【参考答案】D

【学天解析】固定单价合同条件下，无论发生哪些影响价格的因素都不对单价进行调整，因而对承包商而言就存在一定的风险。

13.【参考答案】C

【学天解析】A选项错误，投标价应由投标人编制或由投标人委托专业咨询机构编制。B选项错误，投标价应由投标人自主确定，但不得低于成本。D选项错误，投标价不能高于招标人设定的招标控制价，否则投标将作为废标处理。

14.【参考答案】D

【学天解析】按照合同约定接受竣工付款证书后，无权提出工程接收证书颁发前发生的索赔，A、B选项错误。按照合同约定提交的最终结清申请书中，只限于提出工程接收证书颁发后发生的索赔，C选项错误。

15.【参考答案】D

【学天解析】当事人对建设工程开工日期有争议的，人民法院应当分别按照以下情形予以认定：①开工日期为发包人或者监理人发出的开工通知载明的开工日期；开工通知发出后，尚不具备开工条件的，以开工条件具备的时间为开工日期；因承包人原因导致开工时间推迟的，以开工通知载明的时间为开工日期；②承包人经发包人同意已经实际进场施工的，以实际进场施工时间为开工日期；③发包人或者监理人未发出开工通知，亦无相关证据证明实际开工日期的，应当综合考虑开工报告、合同、施工许可证、竣工验收报告或者竣工验收备案表等载明的时间，并结合是否具备开工条件的事实，认定开工日期。

16.【参考答案】B

【学天解析】A选项错误，整个施工现场的管理工作由承包人来做，协调好各个分包人之间的关系。C选项错误，未经承包人允许，分包人不得以任何理由与发包人或工程师发生直接工作联系。D选项错误，专业分包工程不得再分包。

17.【参考答案】A

【学天解析】运至施工场地用于劳务施工的材料和待安装设备，由工程承包人办理或获得保险，且不需劳务分包人支付保险费用。

18.【参考答案】A

【学天解析】卖方未能按时支付合同约定的材料时，迟延交付违约金＝迟延交付材料金额×0.08%×延迟交货天数。迟延交付违约金的最高限额为合同价格的10%。

19.【参考答案】A

【学天解析】施工项目本身的风险主要有施工组织管理风险、施工进度延误风险、施工质量安全风险、工程分包风险、工程款支付及结算风险等；施工项目外部环境风险主要有市场风险、政策风险、社会风险、自然环境风险等。

20.【参考答案】A

【学天解析】根据《中华人民共和国招标投标法实施条例》，投标保证金不得超过招标项目估算价的2%。投标保证金有效期应当与投标有效期一致。

21.【参考答案】D

【学天解析】施工单位自身影响施工进度因素分为施工技术因素和组织管理因素。其中，组织管理因素如向有关部门提出各种申请审批手续的延误；合同签订时遗漏条款、表达失当；计划安排不周密，组织协调不力，导致停工待料、相关作业脱节；指挥不力，使各专业、各施工过程之间交接配合不顺畅等。A选项属于建设单位原因，B选项属于勘察设计单位原因，C选项属于施工单位自身的施工技术因素。

22.【参考答案】A

【学天解析】B选项错误，有多个专业工作队在现场施工，施工现场组织管理比较复杂。C选项错误，如果每一施工对象均按专业组建工作队，则各专业工作队不能连续作业，工作出现间歇，劳动力和施工机具等资源无法均衡使用。D选项错误，如果由一个工作队完成一个施工对象的全部施工任务，则不能实现专业化施工，不利于提高劳动生产率和工程质量。

23.【参考答案】B

【学天解析】$T=(m+n-1)K+\sum Z-\sum C=(3+2-1)\times2+2\times2=12$（天）。

24.【参考答案】B

【学天解析】A选项错误，应尽量避免网络图中工作箭线的交叉。当交叉不可避免时，可以采用过桥法或指向法处理。C选项错误，在双代号网络图中，有时存在虚箭线，表示虚工作。虚工作既不消耗时间，也不消耗资源，起到联系、区分、断路的作用。D选项错误，网络图中的箭线（包括虚箭线）应保持自左向右的方向，不应出现箭头指向左方的水平箭线和箭头偏向左方的斜向箭线（即逆向箭线）。

25.【参考答案】B

【学天解析】关键线路为①→③→④→⑤→⑥→⑧，工期为17天，①→③，④→⑤，⑥→⑧为关键工作，A、C、D说法正确。工作②→⑥的最早开始时间为第5天，持续时间2天，则最早完成时间为第7天，工作⑥→⑧的最早开始时间为第11天，则工作②→⑥的自由时差为11-7=4（天），B说法错误。

26.【参考答案】D

【学天解析】该线路的工期为9，则工作6的最迟完成时间为第9天，最迟开始时间为第9天。工作C只有1个紧后工作，工作C的最迟完成时间=紧后工作最迟开始时间=9（天），故工作C的最迟开始时间=最迟完成时间-持续时间=9-5=4（天）。

27.【参考答案】B

【学天解析】从C工作出发，到达网络计划终点⑧有3条路，波形线长度和分别是3、2、4，取最小值2。

28.【参考答案】B

【学天解析】技术措施。如：改进施工工艺和施工技术，缩短工艺技术间歇时间；采用更先进的施工方式（如将现浇混凝土方案改为预制装配方案），减少施工过程数量；采用更先进的施工机械；等等。

29.【参考答案】D

【学天解析】方法或工艺是指施工方法、施工工艺、施工方案和技术措施等。

30.【参考答案】B

【学天解析】质量管理体系文件主要由质量手册、程序文件、质量计划、作业指导书和质量记录等构成。

31.【参考答案】C

【学天解析】第一次抽样，发现不合格数为3，因为2＜3≤8，不能判断是否合格。第二次抽样，发现不合格数为4，则将（3＋4）与8比较进行判断，因为7＜8，则该批产品质量合格。

32.【参考答案】B

【学天解析】主要因素的累计频率区间为0～80%，次要因素的累计频率区间为80%～90%，一般因素的累计频率区间为90%～100%。

33.【参考答案】C

【学天解析】混凝土预制构件出厂时的混凝土强度不宜低于设计混凝土强度等级值的75%。

34.【参考答案】C

【学天解析】施工技术参数，如混凝土的外加剂掺量、水胶比、坍落度、抗压强度、回填土含水量、防水混凝土抗渗等级、大体积混凝土内外温差及混凝土冬期施工受冻临界强度、装配式混凝土预制构件出厂时的强度等技术参数，都属于应重点控制的质量参数与指标。A选项属于材料的质量与性能，B选项属于施工方法与关键操作，D选项属于技术间歇。

35.【参考答案】A

【学天解析】操作责任事故：工程施工过程中，由于操作人员违规操作造成的质量事故，如土方工程中不按规定的填土含水率和碾压遍数施工；浇筑混凝土时随意加水；工序操作中不按操作规程进行操作等原因造成的质量事故。

36.【参考答案】D

【学天解析】施工质量事故处理的一般程序为：事故报告→事故调查→事故处理→事故处理的鉴定验收→提交处理报告。

37.【参考答案】C

【学天解析】直接成本是指施工过程中直接耗费的构成工程实体或有助于工程实体形成的各项支出，是可以直接计入工程对象的费用，包括人工费、材料费、施工机具使用费和措施费。

38.【参考答案】B

【学天解析】施工成本管理各环节是一个有机联系与相互制约的系统过程。其中，成本计划是开展成本控制和分析的基础，也是成本控制的主要依据。

39.【参考答案】B

【学天解析】施工定额的作用：①施工定额是施工单位投标报价的依据，也是编制工程项目施工组织设计及施工方案、施工进度计划的依据；②确定施工责任成本和编制施工成本计划的依据；③下达施工任务书和限额领料单，是组织和指挥施工生产的有效工具；④为工人劳动报酬、材料及施工机具费用计算提供了衡量标准，是施工成本控制的依据；⑤是施工成本分析和施工成本管理绩效考核的基础。

40.【参考答案】A

【学天解析】定额中周转材料消耗量指标，应当用一次使用量和摊销量两个指标表示。一次使用量是指周转材料在不重复使用时的一次使用量，供施工企业组织施工用；摊销量是指周转材料退出使用，应分摊到每一计量单位的结构构件的周转材料消耗量，供施工企业成本核算或投标报价使用。

41.【参考答案】B

【学天解析】4月累计成本为1150万元，3月累计成本为750万元，故4月计划成本为1150－750＝400（万元）。

42.【参考答案】B

【学天解析】A、C选项错误，对施工单位而言，施工进度网络计划中的所有工作均按最早开始时间开始、按最早完成时间完成，可以尽早获得工程进度款支付，也能提高工程按期竣工的保证率，但同时也会占用施工单位大量资金。D选项错误，项目经理通过调整非关键工作的最早开始时间，将成本控制在计划范围之内。

43.【参考答案】C

【学天解析】人工费的控制实行"量价分离"的方法，将作业用工及零星用工按定额工日的一定比例综合确定用工数量与单价，通过专业作业分包合同进行控制。

44.【参考答案】B

【学天解析】挣值法中进度偏差的计算：进度偏差（SV）＝已完工程预算费用（BCWP）－拟完工程预算费用（BCWS）。题中，SV＝38000×90－40000×90＝－18（万元）。

45.【参考答案】B

【学天解析】A、C选项属于组织措施，D选项属于经济措施。

46.【参考答案】B

【学天解析】成本分析方法应遵循下列步骤：①选择成本分析方法；②收集成本信息；③进行成本数据处理；④分析成本形成原因；⑤确定成本结果。

47.【参考答案】C

【学天解析】因素分析法又称为连环置换法，可用来分析各种因素对成本的影响程度。

48.【参考答案】A

【学天解析】最高管理者应按策划的时间间隔对组织的职业健康安全管理体系进行评审，以确保其持续的适宜性、充分性和有效性。

49.【参考答案】C

【学天解析】第一类危险源是固有的能量或危险物质，主要采用技术手段加以控制，包括消除能量源、约束或限制能量（针对生产过程不能完全消除的能量源）、屏蔽隔离、防护等技术手段，同时应落实应急预案的保障措施。

50.【参考答案】D

【学天解析】D选项错误，工程竣工决算后结余的企业安全生产费用，应退回建设单位。

51.【参考答案】D

【学天解析】企业新上岗的从业人员，岗前培训时间不得少于24学时。

52.【参考答案】C

【学天解析】对达到一定规模的危险性较大的分部分项工程如起重吊装工程，应编制专项施工方案，并附具安全验算结果，经施工单位技术负责人、总监理工程师签字后实施，由专职安全生产管理人员进行现场监督。

53.【参考答案】B

【学天解析】超过一定规模的危险性较大的分部分项工程专项施工方案经专家论证后结论为"通过"的，施工单位可参考专家意见自行修改完善；结论为"修改后通过"的，专家意见要明确具体修改内容，施工单位应按照专家意见进行修改，修改情况应及时告知专家；专项施工方案经论证不通过的，施工单位修改后应按照规定的要求重新组织专家论证。

54.【参考答案】B

【学天解析】安全风险等级从高到低划分为重大风险、较大风险、一般风险和低风险，分别用红、橙、黄、蓝四种颜色标示。

55.【参考答案】D

【学天解析】建筑施工单位应至少每半年组织一次生产安全事故应急预案演练，并将演练情况报送所在地县级以上地方人民政府负有安全生产监督管理职责的部门。

56.【参考答案】D

【学天解析】特别重大事故由国务院或者国务院授权有关部门组织事故调查组进行调查；重大事故、较大事故、一般事故分别由事故发生地省级人民政府、设区的市级人民政府、县级人民政府负责调查。

57.【参考答案】C

【学天解析】现场办公和生活用房采用周转式活动房。现场围挡应最大限度地利用已有围墙，或采用装配式可重复使用围挡封闭。力争工地临房、临时围挡材料的可重复使用率达到70%。

58.【参考答案】C

【学天解析】昼间场界环境噪声不得超过70 dB（A），夜间场界环境噪声不得超过55 dB（A）。同时，夜间噪声最大声级超过限值的幅度不得高于15 dB（A）。

59.【参考答案】C

【学天解析】"五牌一图"，即工程概况牌、管理人员名单及监督电话牌、消防保卫牌、安全生产牌、文明施工牌和施工现场总平面图。

60.【参考答案】C

【学天解析】制定施工BIM技术应用策划可按下列步骤进行：①确定BIM技术应用的范围和内容；②以BIM技术应用流程图等形式明确BIM技术应用过程；③规定BIM技术应用过程中的信息交换要求；④确定BIM技术应用的基础条件，包括沟通途径及技术和质量保障措施等。

二、多项选择题

61.【参考答案】ADE

【学天解析】工程施工有下列情形之一的，总监理工程师将会及时签发工程暂停令：①建设单位要求暂停施工且工程需要暂停施工的；②施工单位未经批准擅自施工或拒绝项目监理机构管理的；③施工单位未按审查通过的工程设计文件施工的；④施工单位未按批准的施工组织设计、（专项）施工方案施工或违反工程建设强制性标准的；⑤施工存在重大质量、安全事故隐患或发生质量、安全事故的。

62.【参考答案】CDE

【学天解析】矩阵式组织机构的优点是能根据工程任务的实际情况灵活地组建与之相适应的管理机构，具有较大的机动性和灵活性。它实现了集权与分权的最优结合，有利于调动各类人员的工作积极性，使工程项目管理工作顺利地进行，但是，矩阵式组织机构经常变动，稳定性差，尤其是业务人员的工作岗位频繁调动。此外，矩阵中的每一个成员都受项目经理和职能部门经理的双重领导，如果处理不当，会造成矛盾，产生扯皮现象。

63.【参考答案】BCE

【学天解析】按编制对象不同，施工组织设计可分为三个层次：施工组织总设计、单位工程施工组织设计和施工方案。

64.【参考答案】CD

【学天解析】A、E选项适宜采用成本加酬金合同，B选项适宜采用单价合同或成本加酬金合同。

65.【参考答案】ABCD

【学天解析】卖方按合同约定交付全部合同设备后，买方在收到卖方提交的下列全部单据并经审核无误后28日内，向卖方支付合同价格的60%：①卖方出具的交货清单正本一份；②买方签署的收货清单正本一份；③制造商出具的出厂质量合格证正本一份；④合同价格100%金额的增值税发票正本一份。

66.【参考答案】ABE

【学天解析】风险评估内容主要包括：①风险因素发生的概率；②风险损失量；③风险等级。

67.【参考答案】ABC

【学天解析】D选项错误，同一专业工作队在同一施工段劳动量大致相等，相差幅度不宜超过15%。E选项错误，施工段不一定要在同一平面内划分。

68.【参考答案】BC

【学天解析】A选项错误，总持续时间最长的线路为关键线路，其余线路均为非关键线路。D选项错误，节点编号顺序应从小到大，可以不连续，但不能重复。E选项错误，双代号网络计划的关键线路可以有虚工作。

69.【参考答案】BCDE

【学天解析】第2周末，虽然C工作提前1周，但是由于A工作推迟2周，A只有2周总时差，关键线路发生了变化，经过A工作的线路变成了关键线路，工期还是8周，故工期不会提前，A选项错误。

70.【参考答案】BDE

【学天解析】质量管理体系认证按申请、检查和评定、审批与注册发证等程序进行。

71.【参考答案】BDE

【学天解析】分析用控制图中的点子同时满足以下两个条件时，可以认为生产过程基本上处于稳定状态：①连续25点中没有1点在界限外或连续35点中最多1点在界限外或连续100点中最多2点在界限外；②控制界限内的点子随机排列且没有缺陷。

72.【参考答案】ABCE

【学天解析】单位工程质量验收合格应符合下列规定：①所含分部工程的质量应全部验收合格；②质量控制资料应完整、真实；③所含分部有关安全、节能、环保和主要使用功能的检验资料应完整；④主要使用功能的抽查结果应符合国家现行强制性工程建设标准规定；⑤观感质量应符合要求。

73.【参考答案】AE

【学天解析】由技术原因引发的质量事故。在工程实施过程中，由于设计、施工技术上的失误而造成的质量事故。主要包括：结构设计计算错误；地质情况估计错误；盲目采用技术尚未成熟、实际应用中未得到充分实践检验验证其可靠的新技术；采用不适宜的施工方法或工艺等引发的质量事故。B、D选项属于社会、经济原因，C选项属于管理原因。

74.【参考答案】ABDE

【学天解析】C选项属于必需消耗时间里面的不可避免的中断时间。

75.【参考答案】BCDE

【学天解析】成本计划编制依据应包括下列内容：①合同文件；②项目管理实施规划；③相关设计文件；④价格信息；⑤相关定额；⑥类似项目的成本资料。

76.【参考答案】ACE

【学天解析】目标成本：$600 \times 715 \times 1.04 = 446160$（元），实际成本：$640 \times 755 \times 1.03 = 497696$（元），实际成本与目标成本的差额是51536元；产量增加使成本增加了$(640 - 600) \times 715 \times (1 + 4\%) = 29744$（元）；单价提高使成本增加了$640 \times (755 - 715) \times (1 + 4\%) = 26624$（元）；损耗率下降使成本减少了$640 \times 755 \times [(1 + 4\%) - (1 + 3\%)] = 4832$（元）。

77.【参考答案】ACD

【学天解析】依据《建设工程安全生产管理条例》，特种作业人员包括施工单位垂直运输机械作业人员、安装拆卸工、爆破作业人员、起重信号工、登高架设作业人员等。

78.【参考答案】BCE

【学天解析】A选项错误，应优先采用新的安全技术措施。D选项错误，由项目技术负责人向施工员、班组长、分包单位技术负责人交底。

79.【参考答案】ACE

【学天解析】"控制项"包括以下内容：①绿色施工策划文件中应包含环境保护内

容，并建立环境保护管理制度；②施工现场应在醒目位置设置环境保护标识；③施工现场的古迹、文物、树木及生态环境等应采取有效保护措施，制订地下文物保护应急预案。

80.【参考答案】BDE

【学天解析】A选项错误，施工文件应采用碳素墨水、蓝黑墨水等耐久性强的书写材料，不得使用红色墨水、纯蓝墨水、圆珠笔、复写纸、铅笔等易褪色的书写材料。C选项错误，工程文件文字材料幅面尺寸规格宜为A4幅面。

通关必做卷二（进阶阶段测试）

一、单项选择题

1.【参考答案】D

【学天解析】基础设施领域和其他国家鼓励发展的行业项目，可通过发行权益型、股权类金融工具筹措资本金，但不得超过项目资本金总额的50%。

2.【参考答案】D

【学天解析】A选项错误，建设工程自竣工验收合格之日起即进入缺陷责任期。B选项错误，缺陷责任期最长不超过2年。C选项错误，在缺陷责任期内发现有质量缺陷的，应及时修复，修复和查验费用由责任方承担。

3.【参考答案】D

【学天解析】A选项错误，某一部分施工图完成后，即可开始这部分工程的招标，开工日期提前，可以缩短整个工程项目工期。B选项错误，由于要进行多次招标，业主招标任务量大。C选项错误，各个分包单位由业主直接组织协调和管理，业主组织管理和协调工作量大。

4.【参考答案】C

【学天解析】C选项，总投资额为3000万元以上的社会福利项目必须实行监理。

5.【参考答案】B

【学天解析】总监理工程师不得将下列工作委托给总监理工程师代表：①组织编制监理规划，审批监理实施细则；②根据工程进展及监理工作情况调配监理人员；③组织审查施工组织设计、（专项）施工方案；④签发工程开工令、暂停令和复工令；⑤签发工程款支付证书，组织审核竣工结算；⑥调解建设单位与施工单位的合同争议，处理工程索赔；⑦审查施工单位的竣工申请，组织工程竣工预验收，组织编写工程质量评估报告，参与工程竣工验收；⑧参与或配合工程质量安全事故的调查和处理。

6.【参考答案】A

【学天解析】直线式是一种最简单的组织机构形式。在这种组织机构中，各种职位均按直线垂直排列，项目经理直接进行单线垂直领导。

7.【参考答案】B

【学天解析】承包人更换项目经理应事先征得建设单位同意，并应在更换14天前通知发包人和监理人。

8. 【参考答案】B

【学天解析】施工单位一旦接到中标通知书，应马上成立策划领导小组。领导小组组长由企业主管生产副总经理或技术负责人担任，有关职能部门负责人、施工项目经理及技术负责人作为策划领导小组成员。

9. 【参考答案】C

【学天解析】专业承包单位施工的分部（分项）工程或专项工程的施工方案，应由专业承包单位技术负责人或技术负责人授权的技术人员审批；有总承包单位时，应由总承包单位项目技术负责人核准备案。

10. 【参考答案】A

【学天解析】更换项目采购负责人，属于换人，属于组织措施。

11. 【参考答案】A

【学天解析】B选项错误，公开招标，准备招标、对投标申请者进行资格预审和评标的工作量大，招标时间长、费用高。C、D选项都是邀请招标的特点。

12. 【参考答案】A

【学天解析】土方工程采用总价包干，土方工程完成后以总价结算，为20万元。石方工程采用单价合同，则石方工程结算款以实际完成工程量乘以合同单价进行计算，为 $2500 \times 100 = 25$（万元）。整体工程结算款 $= 20 + 25 = 45$（万元）。

13. 【参考答案】D

【学天解析】A选项错误，施工现场要实行封闭式管理。B选项错误，围挡高度不小于1.8 m。C选项错误，施工现场应设置密闭式垃圾站。

14. 【参考答案】C

【学天解析】土方综合单价 $= 188000 \times (1 + 15\%) \times (1 + 6\%)/4000 = 57.293$（元/$m^3$）。

15. 【参考答案】A

【学天解析】除专用合同条款另有约定外，解释合同文件的优先顺序如下：①合同协议书；②中标通知书；③投标函及投标函附录；④专用合同条款；⑤通用合同条款；⑥技术标准和要求；⑦图纸；⑧已标价工程量清单；⑨其他合同文件。

16. 【参考答案】C

【学天解析】不平衡报价法适用于以下几种情况。①能够早日结算的项目（如前期措施费、基础工程、土石方工程等）可以适当提高报价，以利于资金周转，提高资金时间价值。后期工程项目（如设备安装、装饰工程等）的报价可适当降低。②经过工程量核算，预计今后工程量会增加的项目，适当提高单价，这样在最终结算时可多盈利；而对于将来工程量有可能减少的项目，适当降低单价，这样在工程结算时不会有太大损失。③设计图纸不明确、估计修改后工程量要增加的，可以提高单价；而工程内容说明不清楚的，则可降低一些单价，在工程实施阶段通过索赔再寻求提高单价的机会。

17.【参考答案】D

【学天解析】投标截止日前第28天规定为基准日期。在基准日期后，因法律法规、规范标准等变化增加的费用由发包人承担。

18.【参考答案】B

【学天解析】除专用合同条款另有约定外，在履行合同中发生以下情形之一，应按照本条规定进行变更：①取消合同中任何一项工作，但被取消的工作不能转由发包人或其他人实施；②改变合同中任何一项工作的质量或其他特性；③改变合同工程的基线、标高、位置或尺寸；④改变合同中任何一项工作的施工时间或改变已批准的施工工艺或顺序；⑤为完成工程需要追加的额外工作。

19.【参考答案】C

【学天解析】发包人应在工程开工后的28天内预付不低于当年施工进度计划的安全文明施工费总额的60%，其余部分按照提前安排的原则进行分解，与进度款同期支付。

20.【参考答案】C

【学天解析】[3000×（1+15%）]×800+[3500−3000×（1+15%）]×（800×0.9）=279.6（万元）。

21.【参考答案】A

【学天解析】B、D选项属于风险转移，C选项属于风险自留。

22.【参考答案】D

【学天解析】发包人累计扣留的质量保证金不得超过工程价款结算总额的3%。

23.【参考答案】C

【学天解析】横道图具有编制简单、使用方便等优点，可以直观地表明各项工作的开始时间和完成时间、持续时间，以及整个工程项目的总工期。但也有不足：①不能明确反映各项工作之间的相互联系、相互制约关系；②不能反映影响工期的关键工作和关键线路；③不能反映工作所具有的机动时间（时差）；④不能反映工程费用与工期之间的关系，因而不便于施工进度计划的优化。特别是对于大型工程项目，因其工作构成及逻辑关系复杂、无法利用计算机来进行计算分析。因此，采用横道图进行施工进度管理，有一定的局限性。

24.【参考答案】D

【学天解析】流水施工参数可分为工艺参数、空间参数和时间参数。空间参数是表达施工在空间布置上开展状态的参数，通常包括工作面和施工段。

25.【参考答案】B

【学天解析】流水步距＝（2，4，8）的最大公约数＝2（天）。施工队数＝2/2＋4/2＋8/2＝7。$T＝（m＋N-1）K＋\sum Z-\sum C＝（5＋7-1）\times 2＝22$（天）。

26.【参考答案】D

【学天解析】A选项说法错误，A工作完成后进行的是C工作，C、E完成后进行的是F工作。B选项说法错误，B、D工作均完成后进行E工作。C选项说法错误，F工作的紧前工作是C、E工作。

27.【参考答案】C

【学天解析】相邻两项工作之间的时间间隔等于紧后工作的最早开始时间和本工作的最早完成时间之差。工作A的最早完成时间为4，工作D的最早开始时间为6，工作A、D的时间间隔为6-4＝2（天）。

28.【参考答案】D

【学天解析】最早开始时间（ES_{i-j}），是指在各紧前工作全部完成后，工作$i-j$有可能开始的最早时刻。M、N工作的持续时间分别为4天、5天，M、N工作的最早开始时间分别为第9天、第11天，那么M、N工作的最早完成时间分别为9＋4＝13（天）、11＋5＝16（天），所以工作Q的最早开始时间是第16天。

29.【参考答案】B

【学天解析】双代号时标网络中，以波形线表示工作与其紧后工作之间的时间间隔（以终点节点为完成节点的工作除外，当计划工期等于计算工期时，这些工作箭线中波形线的水平投影长度表示其自由时差）。

30.【参考答案】A

【学天解析】持续时间延长4天，未超过总时差，不影响总工期，超过自由时差，影响紧后工作的最早开始4-2＝2（天）。

31.【参考答案】C

【学天解析】企业在获得认证后，经常性地进行内部审核，保持质量管理体系的有效性，并每年一次接受认证机构对质量管理体系实施监督管理。

32.【参考答案】A

【学天解析】全面质量控制是指对工程（产品）质量和工作质量的全面控制。

33.【参考答案】A

【学天解析】B选项属于物理检验法，C选项属于化学检验法，D选项属于现场试验法。

34.【参考答案】A

【学天解析】应用控制图法分析，属于生产过程有异常的情形有：①连续7点或更多点在中心线同一侧；②连续7点或更多点呈上升或下降趋势；③连续11点中至少有10点在中心线同一侧；④连续14点中至少有12点在中心线同一侧；⑤连续17点中至少有14点在中心线同一侧；⑥连续20点中至少有16点在中心线同一侧；⑦连续3点中至少有2点和连续7点中至少有3点落在二倍标准差与三倍标准差控制界限之间；⑧点子呈周期性变化。

35.【参考答案】A

【学天解析】B、C选项属于施工现场准备的内容，D选项属于施工过程质量控制的内容。

36.【参考答案】B

【学天解析】隐蔽工程施工完毕，施工单位按有关技术规程、规范、施工图纸进行自检。自检合格后，填写《隐蔽工程报验申请表》，并附隐蔽工程检查记录及有关证明材料，报送项目监理机构。

37.【参考答案】B

【学天解析】根据我国《质量管理体系基础和术语》的术语解释，凡工程产品未满足质量要求，就称之为质量不合格。与预期或规定用途有关的不合格，称为质量缺陷。

38.【参考答案】D

【学天解析】一般可不做专门处理的情况有以下几种：①不影响结构安全和使用功能的；②后道工序可以弥补的质量缺陷；③法定检测单位鉴定合格的；④出现的质量缺陷，经检测鉴定达不到设计要求，但经原设计单位核算，仍能满足结构安全和使用功能的。A选项要进行返修处理（用嵌缝密闭法），B、C选项要进行返工处理。

39.【参考答案】A

【学天解析】①固定成本。固定成本是指在一定期间和工程量范围内不受工程量变动影响的成本，如办公费、管理人员工资和按直线法计提的固定资产折旧等。②变动成本。变动成本是指在一定期间和工程量范围内会随工程量变动而成比例变化的成本，如直接成本中的人工费、材料费等。

40.【参考答案】C

【学天解析】施工成本管理是指施工项目管理机构以责任成本为主线，对施工成本进行计划、控制、分析，并进行施工成本管理绩效考核的过程。

41.【参考答案】B

【学天解析】施工定额是以某一施工过程或基本工序作为研究对象，表示生产产品数量与生产要素消耗综合关系的定额。施工定额是施工企业（建筑安装企业）为组织生产和加强管理而在企业内部使用的一种定额。施工定额也是工程定额中分项最细、子目最多的定额，是工程定额中的基础性定额。

42.【参考答案】C

【学天解析】对于同类型产品规格多、工序重复、工作量小的施工过程，常用比较类推法。

43.【参考答案】D

【学天解析】实施性成本计划是指在工程项目施工准备阶段，以项目实施方案为依据，以落实项目经理责任目标为出发点，根据企业施工定额编制的施工成本计划。

44.【参考答案】D

【学天解析】按工程实施进度编制的成本计划就两种，即按月编制的直方图和按照时间成本累积的S形曲线。

45.【参考答案】A

【学天解析】成本指标控制程序如下：①确定成本管理分层次目标；②采集成本数据，监测成本形成过程；③找出偏差，分析原因；④制定对策，纠正偏差；⑤调整改进成本管理方法。

46.【参考答案】A

【学天解析】在材料使用过程中，对部分小型及零星材料（如钢钉、钢丝等）根据工程量计算出所需材料量，将其折算成费用，由作业者包干使用。

47.【参考答案】B

【学天解析】费用偏差（CV）＝已完工程预算费用（BCWP）－已完工程实际费用（ACWP）＝已完成工作量×预算单价－已完成工作量×实际单价＝160×300－160×330＝－4800（元）。

48.【参考答案】C

【学天解析】通过竣工成本的综合分析，可以全面了解单位工程的成本构成和降低成本的来源，为今后同类工程的成本管理提供参考。

49.【参考答案】A

【学天解析】关键绩效指标法，适用于需要定量化考核且考核周期短的企业，要求企业具有明确的成本管理目标、健全的成本管理流程、完备的成本控制体系，以及较强的数据收集和分析能力。

50.【参考答案】D

【学天解析】运行包括运行策划与控制、应急准备和响应。A选项属于绩效评价的内容。B选项属于策划的内容。C选项属于理解组织及其所处的环境，与运行是并列的关系。

51.【参考答案】D

【学天解析】第一类危险源是指施工现场或施工生产过程中存在的，可能发生意外释放能量（机械能、电能、势能、化学能、热能等）的根源，包括施工现场或施工生产过程中各种能量或危险物质。A、B、C选项属于第二类危险源。

52.【参考答案】B

【学天解析】企业主要负责人是本单位安全生产第一责任人，对本单位的安全生产工作全面负责。

53.【参考答案】B

【学天解析】特种作业人员应具备的条件：①年满18周岁，且不超过国家法定的退休年龄；②经社区或者县级以上医疗机构体检健康合格；③具有初中及以上文化程度；④具备必要的安全技术知识与技能；⑤相应特种作业规定的其他条件。

54.【参考答案】A

【学天解析】危险性较大的分部分项工程实行分包并由分包单位编制专项施工方案的，专项施工方案应由总承包单位技术负责人及分包单位技术负责人共同审核签字并加盖单位公章。

55.【参考答案】C

【学天解析】易燃易爆危险品库房与在建工程的防火间距不应小于15 m，可燃材料堆场及其加工场、固定动火作业场与在建工程的防火间距不应小于10 m，其他临时用房、临时设施与在建工程的防火间距不应小于6 m。

56.【参考答案】D

【学天解析】企业应急预案分为综合应急预案、专项应急预案和现场处置方案。

57.【参考答案】C

【学天解析】较大事故，是指造成3人及以上10人以下死亡，或者10人及以上50人以下重伤，或者1000万元及以上5000万元以下直接经济损失的事故。

58.【参考答案】B

【学天解析】重大事故、较大事故、一般事故，负责事故调查的人民政府应当自收到事故调查报告之日起15日内作出批复；特别重大事故，30日内作出批复，特殊情况下，批复时间可以适当延长，但延长的时间最长不超过30日。

59.【参考答案】D

【学天解析】临时用地要求平面布置合理、紧凑，在满足环境、职业健康与安全及文明施工要求的前提下尽可能减少废弃地和死角，临时设施占地面积有效利用率大于90%。

60.【参考答案】A

【学天解析】昼间场界环境噪声不得超过70 dB（A），夜间场界环境噪声不得超过55 dB（A）。同时，夜间噪声最大声级超过限值的幅度不得高于15 dB（A）。

二、多项选择题

61.【参考答案】BCE

【学天解析】分部分项工程综合单价包括人工费、材料费、施工机具使用费、企业管理费和利润，以及一定范围的风险费用。

62.【参考答案】ABD

【学天解析】《建设工程施工项目经理岗位职业标准》规定，项目经理应具有但不限于下列权限：①参与项目投标及施工合同签订；②参与组建项目经理部，提名项目副经理、项目技术负责人，选用项目团队成员；③主持项目经理部工作，组织制定项目经理部管理制度；④决定企业授权范围内的资源投入和使用；⑤参与分包合同和供货合同签订；⑥在授权范围内直接与项目相关方进行沟通；⑦根据企业考核评价办法组织项目团队成员绩效考核评价，按企业薪酬制度拟订项目团队成员绩效工资分配方案，提出不称职管理人员解聘建议。

63.【参考答案】ABCD

【学天解析】项目施工过程中，发生以下情况之一时，施工组织设计应及时进行修改或补充：①工程设计有重大修改；②有关法律、法规、规范和标准实施、修订和废止；③主要施工方法有重大调整；④主要施工资源配置有重大调整；⑤施工环境有重大改变。

64.【参考答案】BCE

【学天解析】A选项，如果是承包人的人员就应该由承包人办理工伤保险。D选项属于承包人的责任义务。

65.【参考答案】ABDE

【学天解析】变更指示应说明变更的目的、范围、变更内容以及变更的工程量及其进度和技术要求，并附有关图纸和文件。承包人收到变更指示后，应按变更指示进行变更工作。

66.【参考答案】AE

【学天解析】B选项错误，工期自开工通知中载明的开工日期起算。C选项错误，因承包人原因导致开工时间推迟的，以开工通知载明的时间为开工日期。D选项错误，发包人或者监理人未发出开工通知，亦无相关证据证明实际开工日期的，应当综合考虑。

67.【参考答案】ABE

【学天解析】该项保险是指由施工的原因导致项目法人和承包人以外的第三人受到财产损失或人身伤害的赔偿。

68.【参考答案】ACE

【学天解析】等节奏流水施工，也称为固定节拍流水施工或全等节拍流水施工。固定节拍流水施工是一种最理想的流水施工方式，其特点如下：①所有施工过程在各个施工段上的流水节拍均相等；②相邻施工过程的流水步距相等，且等于流水节拍；③专业工作队数等于施工过程数，即每一个施工过程成立一个专业工作队，由该队完成相应施工过程所有施工段上的任务；④各个专业工作队在各施工段上能够连续作业，施工段之间没有空闲时间。

69.【参考答案】ADE

【学天解析】①②均为起点节点，起点节点和终点节点只能有一个，选项A正确。工作②-③、②-④属于多余虚工作，选项D正确。⑨节点有两个，节点编号可不连续，但不允许重复，选项E正确。

70.【参考答案】ABDE

【学天解析】《质量管理体系基础和术语》提出了质量管理的七项原则，内容如下：①以顾客为关注焦点；②领导作用；③全员积极参与；④过程方法；⑤改进；⑥循证决策；⑦关系管理。

71.【参考答案】ACE

【学天解析】累计频率0～80%定为A类问题，即主要问题，进行重点管理；将累计频率在80%～90%区间的问题定为B类问题，即次要问题，按常规管理；将其余累计频率在90%～100%区间的问题定为C类问题，即一般问题，可放宽管理。

72.【参考答案】ACE

【学天解析】水泥的质量是直接影响混凝土工程质量的关键因素，施工中就应对进场的水泥质量进行重点控制，必须检查核对其出厂合格证，并按要求进行强度、凝结时间和安定性的复验等。

73.【参考答案】AC

【学天解析】重大事故，是指造成10人及以上30人以下死亡，或者50人及以上100人以下重伤或者5000万元及以上1亿元以下直接经济损失的事故。B选项属于较大事故，D选项和E选项没有这样的事故分类。

74.【参考答案】ABCD

【学天解析】拟定施工的正常条件包括：拟定施工作业的内容；拟定施工作业的方法；拟定施工作业地点的组织；拟定施工作业人员的组织等。

75.【参考答案】ABDE

【学天解析】材料消耗定额指标的组成，按其使用性质、用途和用量大小划分为四类，即主要材料、辅助材料、周转性材料、零星材料。

76.【参考答案】ABDE

【学天解析】成本管理的组织措施：实行项目经理责任制；落实成本管理的组织机构和人员；明确各级成本管理人员的任务和职能分工、权利和责任；编制成本管理工作计划；做好施工采购计划；确定合理详细的工作流程。C选项属于经济措施。

77.【参考答案】ADE

【学天解析】综合成本分析包括分部分项工程成本分析、月（季）度成本分析、年度成本分析和竣工成本综合分析。

78.【参考答案】BCD

【学天解析】主要负责人对本单位安全生产工作的法定职责有：①建立健全并落实本单位全员安全生产责任制，加强安全生产标准化建设；②组织制定并实施本单位安全生产规章制度和操作规程；③组织制订并实施本单位安全生产教育和培训计划；④保证本单位安全生产投入的有效实施；⑤组织建立并落实安全风险分级管控和隐患排查治理双重预防工作机制，督促、检查本单位的安全生产工作，及时消除生产安全事故隐患；⑥组织制订并实施本单位的生产安全事故应急救援预案；⑦及时、如实报告生产安全事故。

79.【参考答案】ABDE

【学天解析】专项施工方案的主要内容包括：①工程概况；②编制依据；③施工计划；④施工工艺技术；⑤施工安全保证措施；⑥施工管理及作业人员配备和分工；⑦验收要求；⑧应急处置措施；⑨计算书及相关施工图纸。

80.【参考答案】ACE

【学天解析】B选项错误，竣工图章尺寸为50 mm×80 mm。D选项错误，图纸宜采用国家标准图幅。

通关必做卷三（冲刺阶段测试）

一、单项选择题

1.【参考答案】A

【学天解析】保障性住房项目的资本金占项目总投资的最低比率为20%，则该项目资本金最低出资额=100亿元×20%=20（亿元）。

2.【参考答案】A

【学天解析】B选项错误，整个项目的总进度计划是由业主编制的。C选项错误，采用施工总承包模式，投标人通常以施工图设计为基础进行投标报价。D选项错误，分包单位的管理和组织协调工作是由施工总承包单位来做的。

3.【参考答案】D

【学天解析】施工总承包管理单位负责其所承包施工任务的总体管理和组织协调，具体施工任务可分包给分包单位。对于有施工能力的施工总承包管理单位，也可通过投标竞争承揽部分工程施工任务。

4.【参考答案】A

【学天解析】B选项错误，建筑面积为50000 m²以上的住宅必须实行监理，为了保证住宅质量，对高层住宅及地基、结构复杂的多层住宅应当实行监理。C、D选项错误，投资额为3000万元以上的铁路项目和供热项目必须实行监理。学校、影剧院、体育场馆项目必须实行监理。

5.【参考答案】A

【学天解析】工程质量监督机构发现有影响主体结构、使用功能和施工安全的质量问题和事故隐患时，应及时签发工程质量问题整改通知单，并采取摄影、摄像方式进行现场取证。对于存在严重质量事故隐患或发生质量事故的，应立即责令停工。

6.【参考答案】B

【学天解析】直线职能式组织结构吸收直线式组织结构和职能式组织结构的优点而形成。与职能式组织结构相同的是，在各管理层设置职能部门，但职能部门只作为相应层级领导的参谋，在其所管辖业务范围内实施管理，不直接指挥下级，与下一层级职能部门构成业务指导关系。职能部门的指令，必须经过同层级领导的批准才能下达。各管理层级之间按直线式组织结构原理构成直接上下级关系。

7.【参考答案】B

【学天解析】项目经理在授权范围内组织编制和落实施工组织设计、项目管理实施规划、施工进度计划、绿色施工及环境保护措施、质量安全技术措施、施工方案和专项施工方案。

8.【参考答案】A

【学天解析】按编制对象不同，施工组织设计可分为三个层次：施工组织总设计、单位工程施工组织设计和施工方案。

9.【参考答案】B

【学天解析】目标的分析论证→分解目标确定计划值→收集实际值→对比→纠偏。

10.【参考答案】A

【学天解析】B选项属于技术措施，C选项属于组织措施，D选项属于合同措施。

11.【参考答案】D

【学天解析】评标委员会成员人数应当为5人以上单数，其中经济、技术等方面的专家不得少于成员总数的2/3。

12.【参考答案】D

【学天解析】成本加固定百分比酬金合同，施工单位可获得的酬金将随着直接成本的增加而增加。因此，这种合同虽在签订时简单易行，但不能激励施工单位缩短工期和降低成本。

13.【参考答案】D

【学天解析】规费项目清单应包含下列内容：社会保险费，包括养老保险费、失业保险费、医疗保险费、工伤保险费、生育保险费；住房公积金。

14.【参考答案】C

【学天解析】发包人应协助承包人办理法律规定的有关施工证件和批件，C选项说法错误。

15.【参考答案】B

【学天解析】B选项错误，因监理人原因引起暂停施工的，发包人应承担由此增加的费用和延误的工期，并支付合理的利润。

16.【参考答案】D

【学天解析】A选项错误，在履行合同过程中，经发包人同意，监理人可按合同约定的变更程序向承包人作出变更指示，承包人应遵照执行。B选项错误，在合同履行过程中，可能发生通用合同条款约定情形的变更，监理人可向承包人发出变更意向书。C选项错误，监理人应在收到承包人书面建议的14天内作出变更指示。

17.【参考答案】B

【学天解析】结算金额＝2×（1＋15%）×83＋[2.7−2×（1＋15%）]×80＝222.9（万元）。

18.【参考答案】A

【学天解析】突发疫情属于不可抗力因素。不可抗力停工导致的损失赔偿原则是：各自损失，各自承担。因此，发包人应承担的费用＝5＋3＋10＝18（万元）。

19.【参考答案】A

【学天解析】施工承包风险管理包括风险识别、风险评估、风险应对、风险监控等环节。

20.【参考答案】B

【学天解析】通过风险因素形成风险概率的估计和对发生风险后可能造成的损失量估计，确定风险量及风险等级。

21.【参考答案】A

【学天解析】影响施工进度的不利因素有很多，如人为因素，技术因素，设备、材料及构配件因素，施工机具因素，资金因素，水文、地质与气象因素，以及其他自然与社会环境等方面的因素。其中，人为因素是最大的干扰因素。

22.【参考答案】B

【学天解析】流水强度也称为流水能力或生产能力，是指流水施工的某施工过程（或专业工作队）在单位时间内所完成的工程量。

23.【参考答案】C

【学天解析】采用"累加数列错位相减取大差法"确定流水步距：$K_{1,2}$＝max{2, 1, 0, −1, −14}＝2。$K_{2,3}$＝max{4, 6, 6, 7, −9}＝7。流水施工工期＝2＋7＋2＋3＋2＋2＝18（周）。

24.【参考答案】D

【学天解析】图中有①、②两个起点节点。

25.【参考答案】A

【学天解析】关键线路为：①→②→④→⑥→⑩→⑪，①→③→④→⑥→⑩→⑪，①→③→⑤→⑨→⑪，工期为17天。

26.【参考答案】B

【学天解析】可用波形线法计算，本工作上面的波浪线的长度就是本工作的自由时差，计算出来的结果是2。

27.【参考答案】B

【学天解析】工作M的最早完成时间为6+5=11（天）。工作M的最迟完成时间＝min{紧后工作的最迟开始时间}＝min{16，18，20}＝16（天）。工作M的总时差＝最迟完成时间－最早完成时间＝16－11＝5（天）。

28.【参考答案】A

【学天解析】组织措施。如：增加工作面，组织更多施工队伍；增加每天施工时间，采用加班或多班制施工方式；增加劳动力和施工机械数量等。B选项属于技术措施，C选项属于经济措施，D选项属于其他配套措施。

29.【参考答案】B

【学天解析】自然环境包括地质、水文、气象条件和周边建筑、地下障碍物及其他不可抗力等因素；技术环境包括施工所依据的规范、规程、设计图纸、质量评价标准等因素；管理环境包括质量检验、监控制度、质量管理制度等。A、C选项属于自然环境，D选项属于管理环境。

30.【参考答案】C

【学天解析】质量管理体系认证是指由取得质量管理体系认证资格的第三方认证机构进行认证，是一种外部审核活动。

31.【参考答案】D

【学天解析】弱负相关，散布点形成由左至右向下分布的较分散的直线带。

32.【参考答案】B

【学天解析】①双峰型：将两台设备、两种不同施工方法的产品混在一起或在两个不同批量中取样。②孤岛型：两组数据之间没有关联。③折齿型：分组组数不当或者组距确定不当。④峭壁型：因数据收集不正常，可能有意识地去掉下限以下的数据，或是在检测过程中由某种人为因素造成。

33.【参考答案】A

【学天解析】事前控制，就是要预先进行周密的质量计划，并按质量计划进行质量活动前准备工作状态的控制。例如在施工准备阶段，施工单位编制和审查施工组织设计、施工方案，进行施工现场准备和施工部署等。B、C选项属于事中质量控制，D选项属于事后质量控制。

34.【参考答案】B

【学天解析】分部工程应根据专业性质、工程部位划分。

35.【参考答案】B

【学天解析】由管理原因引发的质量事故。由于管理不完善或失误而引发的质量事故。主要包括：施工单位的质量管理体系不完善；质量检验制度不严密，质量控制不严；质量管理措施落实不力；检测仪器设备管理不善而失准；进料检验不严格等引发的质量事故。A、D选项属于技术原因，C选项属于社会、经济原因。

36.【参考答案】A

【学天解析】当裂缝宽度不大于0.2 mm时，可采用表面密封法；当裂缝宽度大于0.3 mm时，可采用嵌缝密闭法；当裂缝较深时，则应采取灌浆修补法。

37.【参考答案】C

【学天解析】间接成本是指施工项目管理机构为准备工程施工、组织和管理施工生产所发生的全部间接费支出，包括其管理人员的工资和工资性津贴、奖金、工资附加费，以及行政管理用固定资产折旧费及修理费、物料消耗、低值易耗品摊销、取暖费、水电费、办公费、差旅费、财产保险费、检验试验费、工程保修费、劳动保护费及其他费用。

38.【参考答案】C

【学天解析】A、B选项错误，在一般情况下，直接成本会随着工期缩短而增加，间接成本会随着工期缩短而减少。D选项错误，在通常情况下，质量控制成本增加，工程质量水平会随之提高，质量损失成本就会减少；反之，如果减少质量控制成本，工程质量水平就会下降，质量损失成本也会增加。

39.【参考答案】A

【学天解析】施工定额是以某一施工过程或基本工序作为研究对象，表示生产产品数量与生产要素消耗综合关系的定额。施工定额是施工企业（建筑安装企业）为组织生产和加强管理而在企业内部使用的一种定额。施工定额也是工程定额中分项最细、子目最多的定额，是工程定额中的基础性定额。

40.【参考答案】A

【学天解析】机械台班产量定额＝机械纯工作1 h生产率×工作班延续时间×机械利用系数＝$6 \times 8 \times 80\% = 38.4$（$m^3$）。

41.【参考答案】A

【学天解析】指导性成本计划是确定项目经理的责任成本目标，实施性成本计划则是落实项目经理责任目标。

42.【参考答案】D

【学天解析】按成本构成分解，施工成本可分为人工费、材料费、施工机具使用费和企业管理费等。

43.【参考答案】C

【学天解析】成本的过程控制中，有两类控制程序，一是管理行为控制程序，二是指标控制程序。管理行为控制程序是对成本全过程控制的基础，指标控制程序则是成本进行过程控制的重点。两个程序既相对独立又相互联系，既相互补充又相互制约。

44.【参考答案】B

【学天解析】指标控制是对于没有消耗定额的材料实行计划管理和按指标控制的办法。根据以往项目的实际耗用情况，结合具体施工项目的内容和要求，制定领用材料指标，以控制发料。

45.【参考答案】D

【学天解析】费用绩效指数＝已完工程预算费用/已完工作实际费用＝820/860＝0.953。

46.【参考答案】D

【学天解析】A、C选项错误，统计核算的计量尺度比会计核算宽，可以用货币计算，也可以用实物或劳动量计量。B选项错误，会计核算主要是价值核算。

47.【参考答案】A

【学天解析】分部分项工程成本分析是施工项目成本分析的基础。

48.【参考答案】B

【学天解析】职业健康安全管理体系标准各要素与PDCA的对应关系为：P策划—D支持和运行—C绩效评价—A改进。

49.【参考答案】A

【学天解析】全员安全生产责任制是企业所有安全生产管理制度的核心，是企业最基本的安全管理制度，其他安全生产管理制度的建立、执行、修订完善，离不开各岗位相关责任的支持。

50.【参考答案】A

【学天解析】施工企业其他从业人员，在上岗前必须经过企业、施工项目部、班组三级安全培训教育。

51.【参考答案】D

【学天解析】企业在安全生产许可证有效期内，严格遵守有关安全生产的法律法规，未发生死亡事故的，安全生产许可证有效期届满时，经原安全生产许可证的颁发管理机关同意，不再审查，安全生产许可证有效期延期3年。

52.【参考答案】C

【学天解析】对达到一定规模的危险性较大的分部分项工程编制专项施工方案，并附具安全验算结果，经施工单位技术负责人、总监理工程师签字后实施，由专职安全生产管理人员进行现场监督。

53.【参考答案】A

【学天解析】脚手架的施工层应设有1.2 m高防护栏杆和18～20 cm高挡脚板。脚手架外侧设置密目式安全网，网间不应有空缺。

54.【参考答案】A

【学天解析】企业应急预案经评审或者论证后，由本单位主要负责人签署，向本单位从业人员公布，并及时发放到本单位有关部门、岗位和相关应急救援队伍。

55.【参考答案】B

【学天解析】事故报告后出现新情况的，应当及时补报。自事故发生之日起30日内，事故造成的伤亡人数发生变化的，应当及时补报。道路交通事故、火灾事故自发生之日起7日内，事故造成的伤亡人数发生变化的，应当及时补报。

56.【参考答案】D

【学天解析】事故调查组应当自事故发生之日起60日内提交事故调查报告；特殊情况下，经负责事故调查的人民政府批准，提交事故调查报告的期限可以适当延长，但延长的期限最长不超过60日。

57.【参考答案】B

【学天解析】施工单位应建立以项目经理为第一责任人的绿色施工管理体系，制定绿色施工管理制度，负责绿色施工的组织实施，进行绿色施工教育培训，定期开展自检、联检和评价工作。

58.【参考答案】C

【学天解析】照明设计以满足最低照度为原则，照度不应超过最低照度的20%。

59.【参考答案】D

【学天解析】"五牌一图"，即工程概况牌、管理人员名单及监督电话牌、消防保卫牌、安全生产牌、文明施工牌和施工现场总平面图。

60.【参考答案】D

【学天解析】项目管理规划应包括项目管理规划大纲和项目管理实施规划。

二、多项选择题

61.【参考答案】CDE

【学天解析】《建设工程施工项目经理岗位职业标准》规定，项目经理应履行但不限于下列职责：①依据企业规定组建项目经理部，组织制定项目管理岗位职责，明确项目团队成员职责分工；②执行企业各项规章制度，组织制定和执行施工现场项目管理制度；③组织项目团队成员进行施工合同交底和项目管理目标责任分解；④在授权范围内组织编制和落实施工组织设计、项目管理实施规划、施工进度计划、绿色施工及环境保护措施、质量安全技术措施、施工方案和专项施工方案；⑤在授权范围内进行项目管理指标分解，优化项目资源配置，协调施工现场人力资源安排，并对工程材料、构配件、施工机具设备等资源的质量和安全使用进行全程监控；⑥组织项目团队成员进行经济活动分析，进行施工成本目标分解和成本计划编制，制定和实施施工成本控制措施；⑦建立健全协调工作机制，主持工地例会，协调解决工程施工问题；⑧依据施工合同配合企业或受企业委托选择分包单位，组织审核分包工程款支付申请；⑨组织与建设单位、分包单位、供应单位之间的结算工作，在授权范围内签署结算文件；⑩建立和完善工程档案文件管理制度，规范工程资料管理及存档程序，及时组织汇总工程结算和竣工资料，参与工程竣工验收；⑪组织进行缺陷责任期工程保修工作，组织项目管理工作总结。

62.【参考答案】BCD

【学天解析】项目施工过程当中发生以下情形之一的，施工组织设计应当及时进行修改或者补充：①工程设计有重大修改；②有关法律、法规、规范和标准实施、修订和废止；③主要施工方法有重大调整；④主要施工资源配置有重大调整；⑤施工环境有重大改变。选项A，局部修改，不需要进行施工组织设计的修改或者补充。选项E，钢材价格上涨，不需要进行施工组织设计的修改和补充。

63.【参考答案】CDE

【学天解析】固定总价合同适用于以下情况：①招标时已有施工图设计文件，施工任务和发包范围明确，合同履行中不会出现较大设计变更；②工程规模较小、技术不太复杂的中小型工程或承包工作内容较为简单的工程部位，施工单位可在投标报价时合理地预见施工过程中可能遇到的各种风险；③工程量小、工期较短（一般为1年之内），合同双方可不必考虑市场价格浮动对承包价格的影响。

64.【参考答案】BC

【学天解析】承包人能同时获得费用、工期和利润补偿的有以下情形：发包人延迟提供图纸、延迟提供场地、提供的材料设备不符合合同要求、发包人原因造成工期延误、发包人原因造成暂停施工、发包人原因造成质量达不到标准、监理人对隐蔽工程重新检查质量符合要求。A、E选项错误，承包人遇到不利物质条件和不可抗力不可以索赔利润。D选项错误，异常恶劣的气候条件只可以索赔工期。

65.【参考答案】BDE

【学天解析】履约担保可以采用银行履约保函、履约担保书和履约保证金的形式。

66.【参考答案】CE

【学天解析】A选项错误，同一施工过程在其各个施工段上的流水节拍均相等；不同施工过程的流水节拍不等，但其值为倍数关系。B选项错误，相邻施工过程的流水步距相等，且等于流水节拍的最大公约数。D选项错误，专业工作队数大于施工过程数。对于流水节拍大的施工过程，可按其倍数增加相应专业工作队数目。

67.【参考答案】ABCE

【学天解析】"紧前工作"中有工作A的工作，即为A工作的紧后工作。

68.【参考答案】ACE

【学天解析】B选项错误，工作D有1周的总时差，拖后2周，使总工期延长1周。D选项错误，工作E有1周的自由时差，拖后1周，不影响其后续工作的正常进行。

69.【参考答案】BE

【学天解析】组织保证体系的内容主要包括：成立质量管理小组（QC小组），健全各种规章制度，明确规定各职能部门主管人员和参与施工人员在保证和提高工程质量中所承担的任务、职责和权限，建立质量信息系统等。

70.【参考答案】BDE

【学天解析】排列图法又称为主次因素分析法或帕累托图法，一般将累计频率在0～80%范围内的因素定为A类因素，即主要因素；累计频率在80%～90%范围内的因素定为B类因素，即次要因素；累计频率在90%～100%范围内的因素定为C类因素，即一般因素。

71.【参考答案】BC

【学天解析】分部工程和单位工程验收需要进行观感质量验收，检验批、工序以及分项工作是不需要观感质量验收的。

72.【参考答案】CD

【学天解析】重大事故，是指造成10人及以上30人以下死亡，或者50人及以上100人以下重伤，或者5000万元及以上1亿元以下直接经济损失的事故。指导责任事故：工程施工过程中，由于指导或领导失误而造成的质量事故，如工程负责人不按规范规程组织施工、盲目赶工、强令他人违章作业、降低工程质量标准等造成的质量事故。

73.【参考答案】ACDE

【学天解析】周转性材料消耗一般与下列四个因素有关：①第一次制造时的材料消耗（一次使用量）；②每周转使用一次材料的损耗（第二次使用时需要补充）；③周转使用次数；④周转材料的最终回收及其回收折价。

74.【参考答案】ABC

【学天解析】①第6个月末的实际成本累计值为100＋200＋400＋500＋650＋700＝2550（元）。②第6个月末的计划成本累计值为100＋200＋400＋500＋650＋800＝2650（元）。③第7个月末的实际成本累计值为100＋200＋400＋500＋650＋700＋1000＝3550（元）。④第7个月末的计划成本累计值为100＋200＋400＋500＋650＋800＋950＝3600（元）。⑤S曲线必然被包络在由全部工作均按最早开始时间开始和全部工作均按最迟开始时间开始的两条S曲线所组成的"香蕉图"内。

75.【参考答案】BCDE

【学天解析】施工成本分析可采用的基本方法有比较法、比率法、因素分析法、差额计算法。

76.【参考答案】ABCD

【学天解析】造成约束、限制能量和危险物质措施失控的各种不安全因素称作第二类危险源。第二类危险源主要体现在设备故障或缺陷（物的不安全状态）、人为失误（人的不安全行为）和管理缺陷等几个方面。E选项属于第一类危险源。

77.【参考答案】BCE

【学天解析】A选项错误，特种作业操作证每3年复审一次。D选项错误，跨省、自治区、直辖市从业的特种作业人员，可以在户籍所在地或者从业所在地参加培训。

78.【参考答案】CDE

【学天解析】涉及深基坑工程、地下暗挖工程、高大模板工程的专项施工方案，施工单位还应当组织专家进行论证、审查。

79.【参考答案】BCDE

【学天解析】施工安全技术交底的主要内容：①工程项目和分部分项工程的概况；②施工项目的施工作业特点和危险点；③针对危险点的具体预防措施；④作业中应遵守的安全操作规程及应注意的安全事项；⑤作业人员发现事故隐患应采取的措施；⑥发生事故后应及时采取的避难和急救措施。

80.【参考答案】BCD

【学天解析】工程质量控制文件包括：①质量事故报告及处理资料；②见证取样和送检人员备案表；③见证记录。A选项属于施工管理文件，E选项属于施工技术文件。

学习笔记

学习笔记

学习笔记

学习笔记

学习笔记

学习笔记